"海洋地质九号"科考船科普丛书

逐梦深蓝
——"海洋地质九号"深海探宝

ZHUMENG SHENLAN
——"HAIYANG DIZHI JIU HAO" SHENHAI TANBAO

主　编　冯　京　陆　凯　虞义勇
副主编　张玉玺　杜润林

中国地质大学出版社
ZHONGGUO DIZHI DAXUE CHUBANSHE

图书在版编目(CIP)数据

逐梦深蓝:"海洋地质九号"深海探宝/冯京,陆凯,虞义勇主编;张玉玺,杜润林副主编. —武汉:中国地质大学出版社,2024.12. —("海洋地质九号"科考船科普丛书). —ISBN 978-7-5625-6050-0

Ⅰ. P714-49

中国国家版本馆 CIP 数据核字第 20240Y0J42 号

逐梦深蓝——	冯 京 陆 凯 虞义勇	**主 编**
"海洋地质九号"深海探宝	张玉玺 杜润林	**副主编**

责任编辑:张 林	选题策划:张瑞生 舒立霞	责任校对:何澍语

出版发行:中国地质大学出版社(武汉市洪山区鲁磨路388号)　　　邮编:430074
电　　话:(027)67883511　　　传真:(027)67883580　　　E-mail:cbb@cug.edu.cn
经　　销:全国新华书店　　　　　　　　　　　　　　　http://cugp.cug.edu.cn

开本:787毫米×960毫米　1/16　　　　字数:98千字　　　印张:5
版次:2024年12月第1版　　　　　　　　印次:2024年12月第1次印刷
印刷:武汉精一佳印刷有限公司

ISBN 978-7-5625-6050-0　　　　　　　　　　　　　　定价:48.00元

如有印装质量问题请与印刷厂联系调换

《逐梦深蓝——"海洋地质九号"深海探宝》编委会

总 策 划：吴能友

主　　编：冯　京　陆　凯　虞义勇

副 主 编：张玉玺　杜润林

编委成员：（按姓氏笔画排序）

于得水　马理新　方中华　刘长春

刘李伟　孙建伟　刘慧敏　孙　军

孙　波　苏肖亮　杜　凯　李春宁

苗　淼　周吉祥　单　瑞　赵　钊

秦　轲　郭建卫　崔汝勇　董凌宇

詹　鋆　滕沛志

序

"海洋地质九号"科考船科普丛书

"海洋地质九号"科考船隶属于自然资源部中国地质调查局青岛海洋地质研究所,是"海洋地质保障工程配套装备项目"的主要建设内容之一。该项目由中国地质调查局统一组织,于2009年3月3日启动,2013年2月18日经国家发展和改革委员会批复立项,2014年8月5日可行性研究报告获批。

"海洋地质九号"科考船由中国船舶集团有限公司第七〇一研究所负责设计,2015年10月28日在上海船厂船舶有限公司崇明基地正式开工建造,2017年12月28日在青岛正式入列。从准备立项到建成入列,历时近9年,它凝聚了青岛海洋地质研究所自1979年恢复重建以来几代人的夙愿。

2005年"业治铮"号近浅海综合海洋地质调查船(现"海洋地质七号"船)建成下水,青岛海洋地质研究所拥有了自己真正意义上的调查船,但走向深海一直是海地人[①]的追求与梦想。当"海洋地质九号"科考船以崭新的面貌停靠在青岛时,几代海地人心中充满激动,胸中豪情激荡。海浪拍打船舷的欢快声响,仿佛在倾诉着人们内心的激动与豪情。

"海洋地质九号"科考船承载着几代海地人探索大洋、逐梦深蓝的美好愿景。设计团队在确保船舶先进性和安全性的同时,赋予了它更多的科考功能,使其成为我国首艘同时具备专业二维多道地震调查功能与综合地质地球物理调查功能的科考船。

该船可以在5节(约9.3km/h)航速时拖带双震源共6子阵列最大容量9000in^3(1000in^3≈0.0164m^3)气枪震源和1根12km或2根8.5km的地震采集电缆,这一配置足以穿透海底以下10km深的地层。同时,它配备了船载深水单波束、多波束、浅地层剖面、声学多普勒流速剖面仪,以及万米钢缆绞车、万米光电复合缆绞车和A型架等辅助调查设备,还可搭载侧扫声呐、单道地震、海洋重力、海

---

① 指青岛海洋地质研究所自建所以来的所有干部职工。

洋磁力、声学深拖、温盐深仪等物探和水文设备，以及 ROV、AUV、ARV 等水下机器人，能够开展各种类型的海水取样、海底地质取样工作。可以说，"海洋地质九号"科考船具备从海水到海底表层、海底浅部地层和海底中深部地层的综合探测能力。此外，它在节能、环保、减震降噪、电磁兼容等方面表现出色，为调查工作提供了良好的水声环境，也为船员和科考人员提供了舒适的工作生活环境。

海洋覆盖地球表面大部分区域，蕴藏着丰富资源和众多科学奥秘。海洋地质调查涵盖海洋沉积、海洋地貌和海底构造调查等，是海洋矿产资源勘查开发和海洋科学研究最重要的基础性工作。"海洋地质九号"科考船的建造是为了有力推进海洋地质保障工程的实施，其船名、功能以及使命都围绕"海洋地质"展开。

进入 21 世纪，随着世界人口增加、人类生存环境恶化、陆地资源过度消耗和海洋开发技术快速进步，世界各国在生存、发展和安全方面对海洋的需求日益增大，海洋的战略地位和经济地位急剧上升，人类对海洋愈发青睐和倚重，越来越多的科学家将目光投向海洋。

为贯彻落实习近平总书记"关心海洋、认识海洋、经略海洋"的重要讲话精神，青岛海洋地质研究所组织热爱海洋、长期奋战在海洋科考一线的科研人员精心编撰了"'海洋地质九号'科考船科普丛书"。该丛书分为《大海航行——"海洋地质九号"科考船》《探秘深海——"海洋地质九号"探测技术》《逐梦深蓝——"海洋地质九号"深海探宝》3 册。

这套丛书将复杂的科学理论转化为通俗易懂的语言，把枯燥的数据图表变为生动有趣的故事，系统介绍了大洋科学考察船、深海探测装备与技术，展示了海底蕴藏的宝藏，讲述了海洋科考背后航海人的故事，传播了海洋人拼搏奋发的精神风貌，能让读者轻松走进海洋科考的世界，感受其独特魅力。

我们希望这套丛书不仅能传递知识，更能激发读者对海洋科考的兴趣和好奇心。我们相信，通过科学普及，能够培养出更多海洋科学爱好者乃至未来的科学家，共同为保护"蓝色星球"贡献力量。诚挚欢迎广大读者在阅读过程中提出问题和建议，我们将不断改进，为大家提供更优质的科普内容。

最后，感谢所有参与丛书编写的专家学者，感谢支持和推广丛书的每一位读者。让我们一起启航，探索海洋奥秘，见证科学奇迹。

青岛海洋地质研究所所长

2024 年 6 月

前 言

"海洋地质九号"科考船科普丛书

  海洋占据地球表面大约 71% 的面积,辽阔的海底世界究竟是什么样的? 真的有《西游记》里珍藏着奇珍异宝的海底龙宫吗? 人类自诞生以来从未停止对海洋的探索,从古希腊人的海洋梦想到麦哲伦的环球航行,再到现代英国"挑战者"号科考船的深海探险,人类凭借自己的智慧终于打开了海底奥秘的大门。

  海底究竟有什么宝藏? 海洋科考又是如何开展的? 为了让更多的读者了解海洋、认识海洋科考,我们萌发了围绕"海洋地质九号"科考船编写科普丛书的想法。本书是"海洋地质九号"科考船科普丛书的第三册,主要分为 5 章,首先介绍了航海人和探宝人,他们是与海洋科考密不可分的两个团队,航海人负责科考船的航行,探宝人负责海洋科考任务的规划和实施;其次从海洋科考第一视角介绍了探海见闻和海底风光,不期而遇的美丽风景让大家的科考生活变得轻松愉快,突发的海上险情让科考队员们神经紧绷但又能从容应对,神秘的海底风光让大家惊叹生命的顽强和不屈;最后介绍了海底深处的宝藏,那里有诉说着地球沧桑变化的沉积物和岩石,有我们赖以生存的石油资源,还有为人类未来提供清洁能源的可燃冰。

  本书主要由青岛海洋地质研究所深海地质地球物理调查团队人员编写,该团队长期战斗在海洋科考一线,本书是该团队逐梦深蓝集体劳动的结晶。前言由冯京编写;第一章由苏肖亮、詹鋆编写;第二章由单瑞、苏肖亮、方中华、刘慧敏编写;第三章由赵钊、冯京、崔汝勇、单瑞、苏肖亮、苗淼、于得水、杜凯、李春宁编写;第四章由冯京、虞义勇、郭建卫、秦轲、周吉祥编写;第五章由虞义勇、冯京、刘长春、孙建伟、孙军、滕沛志编写;后记由冯京编写。

  本书创作团队从多个视角还原了海洋科考,科普了各类海底宝藏,具有很强的科学性和趣味性,旨在用通俗易懂的科普语言普及海洋知识,激发读者探索海洋的浓厚兴趣和热情,但由于本书内容广泛,限于编者知识能力和创作水平有限,书中难免有不足之处,敬请广大读者批评指正,不胜感激。

目 录

"海洋地质九号"科考船科普丛书

1 科考船上的航海人 ··· (1)
　　1.1　组织架构 ··· (2)
　　1.2　人员详情 ··· (2)

2 科考船上的探宝人 ··· (5)
　　2.1　人员组成 ··· (6)
　　2.2　人员详情 ··· (7)

3 探海见闻 ·· (11)
　　3.1　工作及生活趣事 ··· (12)
　　3.2　风险经历 ··· (24)
　　3.3　海上风景 ··· (27)

4 海底风光 ·· (37)
　　4.1　海沟 ·· (38)
　　4.2　海脊 ·· (39)
　　4.3　海底火山 ··· (40)
　　4.4　海底冷泉 ··· (41)
　　4.5　海底生物 ··· (43)

5 深海宝藏 ·· (47)
　　5.1　海底沉积物 ·· (48)
　　5.2　海底岩石 ··· (51)
　　5.3　海砂 ·· (53)
　　5.4　海洋石油 ··· (57)

5.5 天然气水合物 …………………………………………………（60）

5.6 多金属结核——锰结核 ………………………………………（63）

5.7 海底特殊目标物探测 …………………………………………（66）

后记 强国梦 ……………………………………………………（69）

1
科考船上的航海人

船舶是一个复杂的大型装备,是可以移动的海上"领土"。它集合船舶移动、人员生活及其他多种功能(例如科学调查)于一身。船舶能够安全运行,首先要保证船上数量繁多的设备正常运行,而这些都是"航海人"的职责。

1.1 组织架构

"海洋地质九号"科考船(以下简称"海九")满编船员为26人,船舶在海上航行时,船员不分昼夜轮流值班工作。船员在组织管理上分为甲板部和轮机部两个部门,在船长的领导下分工合作(图1-1)。

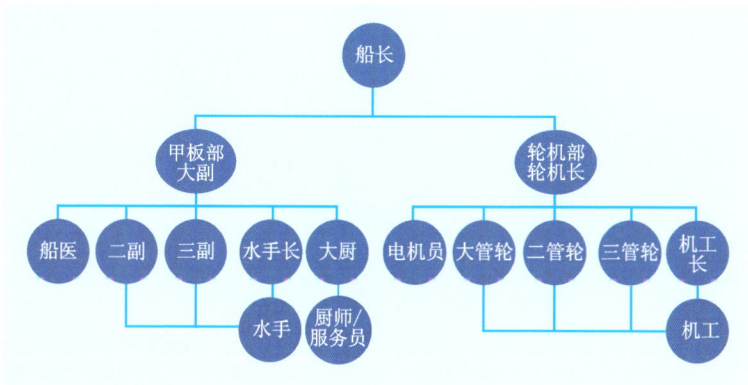

图1-1 船员组织构架图

按照级别,船员又分为管理级高级船员、操作级高级船员和支持级普通船员。管理级高级船员分为船长、轮机长、大副和大管轮;操作级高级船员分为二副、二管轮、三副、三管轮;其余均为支持级普通船员。

1.2 人员详情

船长

船长是"海九"的主要领导人,是船舶安全和行政管理的全面责任人。

船长领导全体船员并以身作则地贯彻执行有关海上交通安全的法律、法规；负责针对外界环境变化，制定安全航行的对策和措施；在发生紧急情况时，船长有责任作出判断和决策来保障船员及船舶安全并优质地完成科考作业任务。

大副

大副是职位仅低于船长的船舶驾驶员、甲板部负责人、船长的主要助手。

在船长的领导下，大副负责甲板部的全面工作，履行航行值班职责并协助船长做好安全航行相关工作，主管货物装卸运输和甲板部的维修保养。大副在航行中的值班时间为 04:00—08:00、16:00—20:00，船舶进出港口和靠离、移泊时大副在船首指挥，船舶应急时大副任现场指挥。船长因故不能履行职务时，大副代理船长职务。

二副

二副是职位仅低于船长、大副的船舶驾驶员。

在船长、大副领导下，二副履行航行和停泊值班职责，主管驾驶设备、航海图书资料、旗帜和信号器材。二副在航行中的值班时间为 00:00—04:00、12:00—16:00，海上航行时二副每天与二管轮互换正午报告，靠离、移泊时二副在船尾指挥。大副因故不能履行职务时，二副代理大副职务。

三副

三副的职位次于二副。

在船长、大副的领导下，三副执行单位综合管理体系中的各项规定，履行规定的船舶航行和停泊值班职责。三副一般掌管救生设备、消防设备等。三副在航行中的值班时间为 08:00—12:00、20:00—24:00。

船医

船医是全船医疗保健和防疫工作的负责人。

在船长领导下，船医负责：管理病房、医疗器材和药品；对病人进行药物和手术治疗，对急重或传染病人采取紧急措施并向船长提出处理建议；前往疫情港时采取预防措施；对食品及其从业人员和场所进行卫生检查和督导；会同有关人员做好清洁卫生、除虫和消毒工作；保持船舶、船员卫生文书的有效并办理有关检疫手续等。

水手长及水手

水手长在大副的领导下，执行船舶安全和环境保护措施，负责组织水手进行船体、甲板所属设备的维护保养和其他日常工作，水手长同时被指定为甲板部安全监督员。

轮机长

轮机长,又称"老轨",是全船机电、动力设备的技术总负责人,也是轮机部的部门长。

轮机长应在船长领导下,负责轮机部的全面工作,对其他部门所管设备进行监督和指导。船舶进出港口、靠离、移泊、通过狭水道或在其他困难条件下航行时,轮机长在机舱督导值班人员按照驾驶台的指令迅速、正确地操纵主机;机舱应急时任现场指挥。

大管轮

大管轮,又称"二轨",是职位仅低于轮机长的轮机员,也是轮机长的主要助手。

在轮机长领导下,大管轮履行航行和停泊值班职责,主管船舶推进装置及其附属设备,领导其他轮机部人员,负责主机、舵机、空调、冷藏机及其系统的管理、使用、保养和维修,协助轮机长做好技术管理和维护轮机部日常工作。大管轮在航行中的值班时间为 04:00—08:00、16:00—20:00。轮机长因故不能履行职务时,大管轮代理轮机长职务。

二管轮

二管轮,又称"三轨",是职位仅低于大管轮的轮机员。

在轮机长和大管轮领导下,二管轮履行值班职责,主管发电原动机及其附属设备,负责锅炉、燃油、炉水舱及其系统的管理、使用、保养和维修。二管轮在航行中的值班时间为 00:00—04:00、12:00—16:00,海上航行时二管轮每天与二副互换正午报告。大管轮因故不能履行职务时,二管轮代理大管轮职务。

三管轮

三管轮,又称"四轨",职位次于二管轮。

三管轮负责船舶机舱设备的日常管理,特别是负责主机、辅机操作与运行,机舱设备的保养和保管,以及船上其他机械设备的维修保养。三管轮在航行中的值班时间为 08:00—12:00、20:00—24:00。

电机员

船舶电机员属于轮机部高级船员,主要负责各种复杂船舶电气设备的维护和管理。

在轮机长的领导下,电机员需从事船舶机电设备的管、用、养、修,主要提供电气专业技术支持。

机工长及机工

机工长,俗称"机头",是船舶轮机部的普通船员,在大管轮的直接领导下,负责组织、安排机工值班,以及机舱内各处的清洁和日常维护保养工作。

2
科考船上的探宝人

大海航行靠舵手,深海探宝看能手!正是因为船上有一群能"眼观六路、耳听八方"的探宝能手,才使得"海九"每一次出航必有斩获,一次又一次探索到大洋深处的秘密。

"海九"获得的一项又一项傲人成绩,离不开船上这群可以窥探深海秘密的"奇人能士"。下面就让我们一起来认识这群手握深海宝藏大门钥匙的探宝人吧!

2.1 人员组成

"海九"每个航次最多可随行乘载 34 名科考队员,海上作业 24h 不停,不分白天夜晚。

一般情况下,每一次外业任务的作业团队都是由 1 名首席科学家或外业负责人、3~4 名外业组长、若干名技术人员及 8 名左右的技术工人组成(图 2-1)。

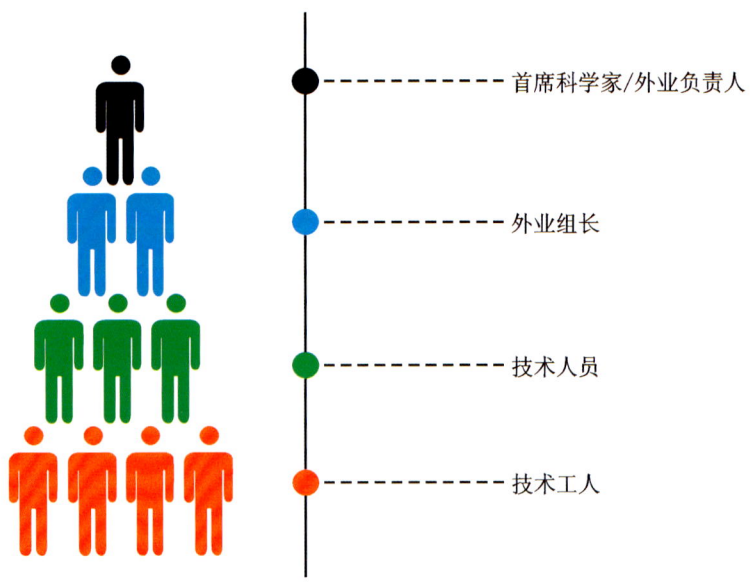

图 2-1　科考团队人员组成示意图

2.2 人员详情

首席

首席是"首席科学家"的简称,是科考项目及科考航次的全面负责人,主要负责科考航次整体项目实施、总体质量把控和科考任务进度。具体包括安排项目开展实施顺序、现场审核采集数据、对外对内的协调联络等,同时也是科考任务安全生产的总责任人。

在组织管理上,首席负责管理参加科考航次的全体科考队员,类似于船长对全体船员的管理。在科考项目实施过程中,首席根据实际工作的需要选择外业负责人和各外业组长,并根据工作进展和实现科考项目总体目标的需要对科考项目进行综合管理。执行外业任务时,如遇突发情况,首席拥有现场决策权。

在知识结构上,首席学历高、知识面广、经验丰富,对整个科考航次起技术支持、知识支持、经验支持等保驾护航的作用。调查任务结束后首席要对成果报告进行审核。

外业负责人

每一个科考航次都要完成至少一项外业任务,每一项外业任务均需专人负责,即外业负责人。

外业负责人具体职责主要包括负责施工过程中与各方的协调,负责向各组做好安全技术交底工作,检查各班组记录,如发现不合格项,负责监督资料采集过程和控制质量,如发现采集的数据资料质量不高,要及时查明原因,采取有效措施并改善。施工中外业负责人还需做好工作日志、安全日志的整理及报告,做好资料保密和保存,同时负责编制施工计划,编写成果报告。

在组织管理上,外业负责人服从首席的管理,对首席负责。同时,外业负责人对该外业调查中各班组进行分工安排,督促安全生产,进行考勤管理等。

在知识结构上,外业负责人对外业任务开展的具体知识掌握牢固,实施和操作经验丰富,对外业任务的顺利开展起到决定性作用。

在安全生产方面,外业负责人是外业任务安全生产的第一负责人。

外业组长

每一项外业任务都需要使用至少一种调查手段,使用至少一种调查方法。每一种调查手段或每一种调查方法的实施都需要至少一名负责人,即外业组长。也就是说,每一项外业任务都是由若干个外业小组合作完成的。

外业组长带领外业小组实施具体的调查手段(方法),主要任务包括操作具体设备、安排值班、记录相关数据以及安排收放设备等。在非调查任务时期,外业组长还要负责对相关设备进行维护保养,确保其工作性能,尽量延长其工作寿命。外业组长对自己负责的专业调查手段(方法)掌握熟练,能够制定调查手段(方法)实施的操作规程或流程,并掌握相关设备的工作原理、熟练操作相关设备,同时能够指导本组技术人员进行设备操作、数据记录和简要分析,在设备出现故障时能够进行故障分析并排除故障。

在具体的调查手段(方法)实施过程中,外业组长除提供技术支持外还要对实施过程中的安全隐患进行排除,提醒科考队员安全操作、做好安全防护。外业组长是安全生产的直接责任人。

目前"海九"科考船能够利用 34 种作业手段实施 16 种技术方法(表 2-1)。也就是说可以设置 34 个外业组长开展外业调查(不是同时)。

技术人员

技术人员是调查任务执行的中坚力量,具体职责主要包括操作相关设备,参与本组值班,并做好班报记录;当设备出现故障或其他问题时,要求技术人员能够分析原因,并进行维修处理。

在知识结构上,技术人员对设备原理、操作程序掌握熟练,相关基础知识掌握牢固,具体方法实施和操作经验丰富,对外业任务的顺利开展起到关键性作用。

技术工人

技术工人是外业调查任务中各硬件设备的直接操作人员,是外业具体调查手段和方法实施的直接执行者,由技术工人具体操作相关设备,比如操作绞车、释放回收枪阵等;必要时根据要求参与本组值班,并记录相关数据;根据要求进行相关设备日常保养,作业过程中如出现故障或其他问题需根据要求进行维修。

技术工人操作经验丰富、技术全面,熟悉各种调查手段和方法,对所有设备操作都十分熟练,是外业调查手段和方法实施不可或缺的关键人物,是外业任务执行的主要力量。

表 2-1 深海探宝方法(手段)表

序号	技术方法	工作手段	序号	技术方法	工作手段
1	导航定位(单波束)	导航定位(单波束)	13	多道地震(长排列)	仪器采集
2	多波束	多波束			综合导航
3	浅地层剖面	浅地层剖面			气爆
4	海洋重力	海洋重力	14	近海底(原位)高精度水下作业	水下导航定位
5	海洋磁力	海洋磁力			后甲板操控
6	单道地震	单道地震			声学深拖操控
7	侧扫声呐	侧扫声呐			ROV[3](观察级)操控
8	走航式多参数剖面测量	测流(ADCP[1])			ARV[4]操控
8		走航式温盐深测量			静力触探(多参数)及取样
9	地质取样	地质取样			深海可移动平台(钻机)操控
10	海底地震(OBS[2])	海底地震			深海可移动电视抓斗
11	海洋多要素长周期定点(原位)观测	潜标			可视化柱状取样
11		浮标			海底摄像
11		海床基			地热流测量
11		着陆器	15	无人船测量	导航通信及船艇控制
12	小道距高分辨率多道地震	仪器采集			仪器采集
12		气爆、大能量电火花	16	无人机测量	无人机操控

注:① ADCP:声学多普勒流速剖面仪。

② OBS:海底地震仪。

③ ROV:无人遥控潜水器,也称遥控水下机器人。

④ ARV:自主/遥控水下机器人。

逐梦深蓝——"海洋地质九号"深海探宝

3.1 工作及生活趣事

3.1.1 深海可移动电视抓斗[①]

浩瀚的洋底分布着不同类型的岩石和沉积物以及各种矿产资源,例如铁锰结核、富钴结壳和热液硫化物等,还有两种不依赖光合作用的生态系统,即热泉系统和冷泉系统。海洋科学家要想将这些位于数千米深的洋底表面上的各类样品,即海洋科学家眼里的"宝贝"取到科学考察船和岸基实验室进行分析研究,并让研究成果服务人类福祉,需要深海可移动电视抓斗这样的深海利器。

深海可移动电视抓斗(图 3-1)外形呆萌、体型敦实,主要由上下两部分组成:上部是一个箱体,里面藏有电池舱、液压驱动舱、电控及通信舱以及水下摄像系统、照明系统、高度计等,电控及通信舱相当于深海可移动电视抓斗的"大脑",负责接收科考船上科学家的指令,并指挥斗体进行样品抓取动作。下部是一个可以绞合的双瓣斗体,类似于双壳类蛤蜊的两瓣壳,成功抓取到满意的样品后,双瓣斗体会合上,并把科学家需要的"宝贝"带回科考船。深海可移动电视抓斗的"眼睛",即水下摄像头和水下照明灯安装在双瓣斗体内与上部的连接处,此处还安装有一个高度计,用于测量深海可移动电视抓斗离海底的高度。深海可移动电视抓斗的上部外侧安装有两个螺旋桨,用于在洋底为它提供一定的动力,便于科考船上的科学家在海底一定范围内寻找他们心仪的"宝贝",从而提高取样效率。

深海可移动电视抓斗控制系统分为甲板单元和水下单元,甲板单元主要包括工控机和显示屏,其主要功能是帮助科学家利用深海可移动电视抓斗在水下"寻宝"的过程中进行设备状态监控和发出抓斗动作指令。进行取样作业时,科考船首先航行到预定位置,经下水前检查深海可移动电视抓斗显示状态一切正常后,下放到距海底约 5m 处(此时视域最佳);然后科学家利用它"寻宝",成功获取样品后,将深海可移动电视抓斗收回甲板,并对样品进行拍照、班报描述、分装、保存等

---

① 3.1.1 作者为青岛海洋地质研究所崔汝勇。

3 探海见闻

图 3-1　深海可移动电视抓斗

工作,一个站位的深海可移动电视抓斗采样工作就大功告成了。

2021 年南海海试,"海九"携带着青岛海洋地质研究所新研制的深海可移动电视抓斗,来到了我国南海北部海域,通过现场取样对它进行应用性测试,以确保它在本年的航次调查中能够顺利应用。来到目标区后,随着海试航段首席的一声令下,科考队员们顺利将深海可移动电视抓斗投放于海中,很快它下沉到 1000 多米深的海底,首席在实验室紧盯深海可移动电视抓斗配备的摄像头通过光缆传回的海底图像,寻找着理想的取样目标区。在观察了一会儿后,首席下令快速下放抓斗抓取样品,抓斗合拢后开始提升,经过一段时间,摄像画面逐渐变得清晰,满满一兜沉积物样品映入眼帘,同时还能看到有气泡间断地从沉积物内释放,一片飘逸的虫管出现在视频画面的左下角,大家推测是管状蠕虫,这也让大家变得异常兴奋,期待着深海可移动电视抓斗回到甲板的时刻。

当深海可移动电视抓斗在甲板上打开时,一股硫化氢的气味扑鼻而来,灰色的沉积物"瘫软"在甲板上,局部的沉积物甚至是黑色的,说明之前大家从摄像画面里看到的沉积物释放的气泡可能主要是硫化氢气体。经过仔细寻找,科考队员终于发现了活着的红色蠕虫,长约 10cm,是一种掘穴蠕虫,它穴居的管壁呈亮黑色,纤细的红色蠕虫藏匿其中,科考队员们对样品进行拍照、班报描述和分装并保存样品。

此次南海海试说明深海可移动电视抓斗功能一切正常,同时凸显了可视取样设备在现代深海调查中不可或缺的作用。

3.1.2 超短基线水下声学定位系统海试[①]

自"海九"入列以来,青岛海洋地质研究所先后组织过数次海试航次,笔者有幸均参与其中。2021年海试航次笔者主要负责超短基线水下声学定位系统(Ultra Short Base Line,USBL)的验收工作,型号为Kongsberg Hipap102P。

自2021年4月1日开航以来,USBL的测试工作一直在进行,因为船上工作时间安排紧张,所以该测试工作与其他设备的测试工作同步穿插进行(图3-2)。4月3日晚,因为海试区域流速太大,不利于声学深拖[②]试验,所以深拖海试工作提前结束,空出船时给USBL开展精度测试测线。测试工作从4月3日22:00一直持续到4月4日7:00,笔者与组里几名队员紧张地期待着测试结果,最终结果还算令人满意。

2021年4月4日的其他测试工作也都进展顺利。前期布放的海底海洋多要素边界层监测系统(着陆器)成功回收;3000m级海底沉积物多参数原位探针及布放系统(CPT)设备入水测试,获得2.66m范围内浅表层沉积物物理化学性质,首次实现我国2000m级表层沉积系数测定;深海可移动平台也完成了一次入水试验。这3套设备,以及同一批次测试的声学深拖系统都是青岛海洋地质研究所联合国内优势单位一起攻关研发的。笔者有幸参与了这几套设备的研发,体会到了自主研发路上的种种艰辛与不易,经历过海试失败的心塞,也感受过试验成功的喜悦。国产设备研发任重道远,虽然研发的路上会遇到各种问题,会遇到各种困难,但我们有信心有决心做下去,并最终突破国外技术封锁,不再被"卡脖子"。

图3-2 超短基线水下声学定位系统(USBL)测试图

---

① 3.1.2作者为青岛海洋地质研究所单瑞。
② 声学深拖:一种用于在深水中拖曳工作的地球物理综合观测仪器系统,它可在距离海底50m左右的高度开展地球物理测量工作,通常拖体上配备有精密的导航定位系统、侧扫声呐系统、浅地层剖面仪系统等。

3.1.3 神奇的"MVP"[①]

2021年4月1日是"海九"南海海试第二航段出航的日子,计划15:00准时从深圳蛇口码头出发,所有科考人员和船员都在为本次航行任务做着最后的准备。一大早,"海九"的甲板上就热闹了起来,负责各自设备的科考队员们正在热火朝天地交流,对海试调查设备做着最后的安装调试工作。正所谓凡事预则立,不预则废,只有做好充分的准备,才能保证接下来的工作按照计划顺利进行。

在这次海试中,笔者主要负责走航式多参数剖面测量系统(Moving Vessel Profiler,MVP)的试验工作。停靠码头期间,队员们对设备绞车进行了通电测试,但是这次测试过程并不顺利,一开始通电测试未通过,且没有找到确切的原因,为了保证作业安全,队员们一度准备取消MVP的海试计划。后来通过与厂商沟通,终于在出航前查清了故障原因,绞车系统得以正常启动运行,最终按照原计划方案进行MVP海试。其实在笔者多年的出海工作中,经常会遇到这种一波三折的情况,海试过程往往很艰辛,但绝大多数结果都很理想。在这些不断发现和解决问题的过程中,队员们对整套系统会有更深入的了解,从而不断提升自己的技术,日后再遇到类似的情况就能够举一反三,及时解决各种作业时的突发状况了。

不知不觉,就到了出航的时间,"海九"准时从蛇口码头出发,一路向南海进发,奔赴海试作业海域,预计第二天早上到达。

参加这次海试的有老船员,有许久没上船出海的技术人员,也有第一次上船出海的摄影师、记者朋友们。他们之中有人轻车熟路,有人还需适应,也有人满怀期待,大家就这样带着各自的任务、怀着各自的心情踏上了航程。

当晚的海况还算不错,晚饭后,航次首席和船长在大会议室组织主要技术人员和一些相关工作人员开会,详细部署了第二天的工作内容和安排,会后又请设备厂商工程师给技术人员做了系统培训,提示了很多工作中的注意事项。

夜深了,除了行船和瞭望值班的船员,大家都伴随着"海九"低沉的轰鸣声渐渐睡去。希望一切平安顺利。

[①] 3.1.3作者为青岛海洋地质研究所赵钊。

3.1.4 千里眼——深海可移动平台[①]

2021年4月7日,天气阴沉沉的,作业环境比较恶劣,但是为了尽早完成海试任务,为之后的西太平洋航段预留充分的准备时间,队员们仍然早早开始了海试作业。按照计划,当天参与试验的是由青岛海洋地质研究所自主研发的深海可移动平台(图3-3)与深海可移动电视抓斗。

图3-3　深海可移动平台回收

深海可移动平台在2020年10月已进行过海试,但是由于实验效果不是特别理想,今年又随船参加第二次海试。这套设备虽然与无人遥控潜水器的带缆作业模式类似,但是其成本较低,且具备深海钻探与多管取样功能,并且配备了4K摄像头,是ROV水下作业功能的很好补充。此次海试在南海开展,这里是海马冷泉的发现地,因此,我们决定利用该平台观测海底冷泉,并尝试钻探取样。导航组的同事值了一夜的班,最终利用船载声学设备确定了冷泉的具体位置。可移动平台共下放两次,配合动力定位系统,尽量保证平台能够顺利着陆在冷泉区。但带缆作业设备受海流与母船升沉影响较大,自身的推进能力又有限,因此很难实现海底的准确定位。此次由于海况较差、海流较大,两次坐底观察结果均不是很理想,

---

① 3.1.4作者为青岛海洋地质研究所苏肖亮。

并没有观察到期待的冷泉现象。此次也检验了深海可移动平台的钻探功能,但是此次海试与2020年10月的类似,由于海底沉积物质地较软,最终未准确评估出平台的钻探能力。

3.1.5 我眼中的海试[①]

2021年3月28日,星期日(晴),南海海试的第11天。凌晨2:00,随着所有电缆回收上船,本次南海海试的重头戏——多道地震海试落下了帷幕,海试进入了一个新的阶段。今天,我将从第三方视角,记录当天海试的全过程。

OBS顺利打捞收回

凌晨4:30,我拖着疲惫的身体来到后甲板,发现设备主管及几名技术人员已经起床,并在大约半小时前已开始了OBS设备的回收工作。这套设备已在1600m的水下沉睡了好几天,不过它在沉睡中也能采集到大量数据。现在船舶已经到达当初的释放点坐标并处于漂航状态,设备也已经唤醒处于上浮状态。整个工作的难点在于寻找OBS设备,要在它浮上水面的那一刻立即发现它。现在我们仅知道设备所处的大概范围,测距也只是斜距,OBS到底什么时候能浮出水面、从哪里浮出水面都是未知数。好在它浮出水面后会亮起一盏红灯,在黑夜能给人强烈的视觉冲击,方便我们顺利找到它。如果等天亮了再去寻找,难度太大。所以大家只能早早起床,静静地等待它的浮起。

4时多的天还是灰蒙蒙的,天空中火红的月亮格外吸引人,远处明亮的鱿鱼捕捞船给海面带来一丝亮光。1000m、700m、500m……OBS距离海面越来越近,大家紧张而又兴奋,都想成为第一个发现红点的人。5时多的时候,各层甲板都已站满人,大家向各处瞭望。突然传来方中华的一声"在那边,那里有红灯",划破寂静的夜空。大家开始蜂拥到右舷,果然看到在离船约1000m的海面上,一个红点在上下起浮。大家都松了一口气,这下不用等到天亮了。随后船舶迅速出动,到达设备附近,大家齐心协力,顺利捞起了这个"功勋"设备(图3-4)。

柱状取样打破纪录

2021年3月28日的海况格外好,风平浪静。

7时多,首席决定趁着海况良好抓紧时间开展取样工作,于是大批作业人员迅

---

① 3.1.5作者为青岛海洋地质研究所苏肖亮。

唤醒操作　　　　　静静地寻找

发现目标　　　　　打捞收回

图 3-4　打捞 OBS

速集结到后甲板,开始进行柱状样取样(图 3-5、图 3-6)。这次船载的柱状样取样设备是与中国科学院海洋研究所联合研制的先进的第三代取样设备,某些领域的技术水平已达到世界先进水平。这套设备装有上下两套摄像头,可以通过电脑观察设备状态。中国科学院栾教授介绍,该设备可以在 3000m 水深下获取长约 15m 的样品,而且可以做到"管"无虚发,每次下管必能取到样品。

8 时多,设备要下水了,各岗位人员相互配合,作业十分顺利。由于采样点水深约 1600m,电缆释放速度大约是 1m/s,所以无论是释放或是回收,都需要漫长的等待。

3 探海见闻

图 3-5　海底可视化柱状样取样

图 3-6　取样留念

等待是值得的,中午时分传来了好消息,第一次取样取到了 15.83m 长的超长样品,打破了该设备海试以来的样品长度纪录,甚至打破了青岛海洋地质研究所柱状样长度的纪录,意义非凡。

取样工作一直持续到傍晚,约 19:00,ROV 主管周吉祥在船尾释放机器人下水(图 3-7),检测水下机器人的工作性能。机器人下水后,拍到了许多水里的生物,如鱼、螃蟹等,亮起的灯还吸引了不少鱿鱼。随着下潜,画面越来越美,我们通过 ROV 显控计算机屏幕欣赏了如流星雨一般的"海底飞雪"(海洋雪)①。不过这还不是它真正的使命,这次机器人下水,主要是拍摄取样设备的水下姿态及提升经过。经过多次尝试,终于完整地记录了取样器出水的画面,随后完成使命的机器人也被顺利收回(图 3-8)。

图 3-7　水下机器人释放

---

① 在深海中,由有机物组成的碎屑像雪花一样不断飘落,称作海洋雪。

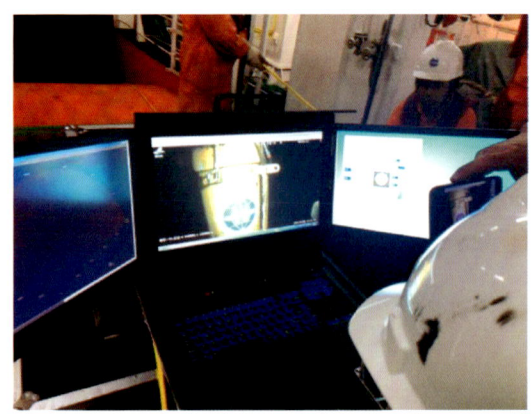

图 3-8　科考人员驾驶水下机器人

感悟

2021年海试的第一航段任务即将圆满完成,这一次是在新的岗位上随船出海,的确有不一样的感受,从一开始的懵懵懂懂、战战兢兢,到实际操作后的逐渐熟悉、了解,我经历了一个完整、充实的学习过程,受益匪浅,也希望以后的工作越来越顺。

3.1.6　海洋初体验[①]——4月9日"海九"第二航段航海日记

2021年"海九"在南海海域的海试航程即将结束,我也将回归原来的工作轨道。海上生活就像一盒巧克力,你永远不知道下一颗是什么味道。设备测试情况自有久经历练的科考团队记录,作为第一次登船,第一次出海的"新人",我则打算记录充满新鲜感的海洋初体验。

路上行人欲断魂

前不久,在和导师讨论论文提纲时,他突然问我:"你去过海上吗?""没有。"我惶恐答道。"研究海洋却没出过海?这可不行。"他边说边拿起电话,几句话敲定了我的行程。拒绝似乎也已经来不及了。

我已经"蜗居"了近4年,每天重复着"工作—带娃"的两点一线生活,几乎得

---

① 3.1.6作者为中国地质调查局油气资源调查中心苗淼。

了"出门恐惧症"。要离开孩子,还要一个人上船,去海上漂着,长时间与外界失去联系……这些未知的体验都让我内心充满了淡淡的忧虑。

出发前,我带着孩子去了海洋馆,趁她高兴时问:"妈妈去给你抓鱼,但是鱼住得很远,我要去很久,好不好?"孩子立马点头同意。第二天,趁孩子还没醒,我赶紧出发了。

"大海"深处有人家

4月,我来时北京还是初春,我到时深圳已入盛夏。沿港湾大道拐进深圳蛇口国际码头,静静停泊的"海九"(图3-9)扑入眼帘。

图3-9 "海洋地质九号"科考船

船甲板上共有5层,房间分布在2~5层。虽说之前对"海九"的先进性略有耳闻,但其后勤保障程度还是超出了我的想象。房间里配置了网络、电视、饮水机、冰箱和独立卫生间(图3-10);食堂一日供应4餐,还有各类零食;医务室、健身房、娱乐室应有尽有。与陆上不同的是,船上设施都被固定在墙上,房间内配置了救生衣和安全帽。看到这些,我上船之前的那些忧虑顿时一扫而光。

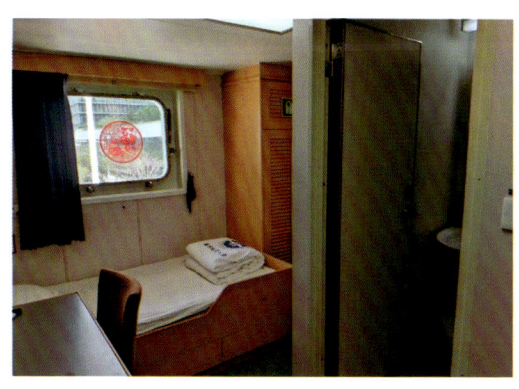

图3-10 科考人员住宿房间

海风你轻轻地吹,海浪你轻轻地摇

4月1日下午3时,启航。

晴天时,大海澄澈如镜,微波荡漾,海鸥低翔,海面上星罗棋布的岛屿和船只清晰可见(图3-11)。阴天时,海上雾气氤氲,水天一色,如入仙境。大部分时间,海面上是风平浪静的,海面似一幅油画,从刚启航时的碧绿逐渐变成蔚蓝,几乎看不到白色浪花。极目远眺,远处的海平面呈拱形,我第一次用肉眼感受到地球是球体。

海风轻吹,海浪轻摇,伴着轻微的发动机轰隆声,海上的夜晚格外安宁。

天地转,光阴迫

此次海试历时9天,工作区位于南海北部,最远离岸160 n mi(1 n mi ≈1852 m),最深作业深度达到了1700 m。本次海试测试了多个海底探测、采集设备,发现了冷泉,并获取了深海沉积物(图3-12)。

设备测试流程主要包括布放、监测校准、回收、数据处理解释4个步骤。科考队员要充分利用适合作业的时间,穿插安排测试作业,24 h不间断值守设备。他们步履匆忙,往返于甲板和各个实验室之间,用对讲机传递实时情况。他们的工作态度令人敬佩,队员间深厚的情谊令我感动。

图3-11 海试出行——远处的海岛

图3-12 海底可移动平台测试

3 探海见闻

嘈嘈切切错杂弹,大珠小珠落玉盘

第二航段海试历时 9 天,大多数时间风平浪静,只有一天半的时间风浪较大。海况差的时候,船方会提前通知天气状况,并开往浅水区躲避,此时也不适合甲板作业,甲板上的设施均会提前固定以防不测。

4 月 5 日中午,船体摇晃幅度越来越大,从"摇篮"变成了"过山车",惊涛直接拍上了 5 层的窗户,波浪冲击船体的声音轰鸣如雷,似金戈铁马,大气磅礴。

我是个资深晕车族,但这次在船上没有明显的不适感。不过,风浪似乎对我有极大的催眠作用,浪越大我就越困,海况最差的那天我几乎是睡过去的。

雄关漫道真如铁,而今迈步从头越

从技术水平角度看,此次海试的设备实现了高精度可视化,可完成 6000m 海底精准探测与取样,达到国际领先水平,但使用的精密仪器核心部件还面临"卡脖子"技术难题。从工程条件适应性看,海洋作业具有可预期但不可控的工程技术风险。南海北部海域受季风、洋流影响大,本次航程中不适合作业时间占本次海试时间的 17%。风浪期间,甲板作业无法正常进行,部分科考队员发生晕船不适。本区域沉积物主要为软泥,探测、采集难度大。

一眨眼,到了说再见的日子。科考队员的敬业精神让我深受鼓舞,渊博知识使我受益匪浅,热情好客令我永远感怀。

我于海洋只是匆匆过客,但此次海洋科考初体验对我的意义,也许需要数年甚至数十年的时间来回答。大海,有缘再会(图 3-13)。

图 3-13　海试中欣赏晚霞

逐梦深蓝——"海洋地质九号"深海探宝

3.2 风险经历

3.2.1 海九首航"西游"记[①]

出航

2018年5月3日,伴随着一阵长长的汽笛声,在青岛海洋地质研究所诸多领导和同事的目送下,"海九"从舟山朱家尖码头缓缓驶离,朝着它生命中的第一个目的地——西太平洋进发。

从船舷边远远望去,送航的人们越发模糊,但依稀可见大家挥手告别的身影。船上的空气中弥漫着激动的气息——我们的船员正驾驶着自己的科考船向大洋进军,走向大洋,探索大洋,这是几代青岛海洋地质研究所同事们的梦想,如今我们正昂首阔步地向目的地进发,这是历史的一刻。作为首航的一员,我当然心潮澎湃,万分自豪。

随着"海九"以时速10节(1节≈1.852km/h)的经济航速[②]巡航在广阔的海洋之上,大家也都从激动的气氛中回归到各自的岗位,西太平洋之旅正式开始。

16:10,我们已经驶入广阔的东海,令人激动的是我们迎来了第二波"送行"的队伍,船头九点钟方向成百上千头海豚跳跃着与我们结伴而行,场面甚是壮观。有队员笑称这是海豚为我们送来祝福,预祝我们能顺利完成此次科考任务,大家的情绪再一次被点燃。

按照惯例,晚上船长召开了全员大会,对船舶的管理文件进行了详细的讲解,项目首席也对项目背景和如何开展工作进行了说明,并对接了航路中的调查任务,以及航路中穿插的集体活动。

---

① 3.2.1 作者为青岛海洋地质研究所冯京。
② 经济航速:根据船舶运输要求和营运费用等因素确定的成本最低的航速。

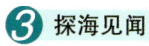

航渡[①]

航渡前两天海况较差,大家努力适应"海九"摇晃的频率,但是随着摇晃幅度的增大,晕船的人也陆续多了起来,好在海况很快有所好转,大家逐渐精神了起来。

到达航路调查指定位置后,在项目首席的指挥下,科考队员们有条不紊地展开了对各类设备(重力、多波束、浅剖等)的测试,开机、测试、参数选取,经过一番周折,设备均运转正常,实时数据在显示屏上显现那一刻,实验室内充满了欢快的笑声,这也标志着我们走出了迈向大洋的第一步。

由于距离调查区仍有3天的航渡时间,为了调节大家的生活,让大家保持愉快的心情,出航前"海九"临时党支部已经安排好了跳绳比赛、拔河比赛、包饺子等集体活动。

在这些集体活动中,大家目标一致,相互配合、相互信任、相互沟通、抒发情感,不仅愉悦了身心,同时也增进了互相之间的了解,建立了深厚的友谊,为即将进行的科考工作奠定了良好的基础。

科考进行时

在与磁力日变观测船"鲁荣水125"船进行了作业前的对接后,5月8日,我们终于抵达此行的目的地——西太平洋,湛蓝的海水,透明的天空,令人心旷神怡,让我们对即将到来的连续一个多月的科考作业生活充满了信心。

橘色的磁力电缆放入水中的那一刻,标志着我们的作业正式开始,设备正常,参数选取顺利,与驾驶台沟通顺畅,一切都在按照计划有条不紊地进行,大家也都按照出航前的安排陆续投入到工作中。良好的海况、稳定的设备、昂扬的斗志让"海九"大洋科考变得异常顺利,20天的时间转瞬即逝。在此期间,我们进行了"海九"大洋科考第一次地质取样,获取了西太平洋5000m深海底的多金属结核,并在取样过程中进行了多个科学趣味实验,比如深海鸡蛋压力测试等,轻松欢快的气氛时刻伴随着大家。然而,天有不测风云,当我们以为科考工作很快就要结束的时候,磁力拖鱼[②]突然出现故障,我们紧急回收,发现拖鱼上面有很多牙齿状的痕迹,初步怀疑为海洋动物所为,在更换新的拖鱼后,设备恢复正常,大家也稍微松了一口气。但是,稍后我们又接到日变站船的消息,日变站出现故障,需要我们紧急前往并检修,如果日变站无法恢复正常,就意味着我们不能继续作业。项目首

---

① 航渡指前往科考作业区的过程。
② 拖鱼指进行磁力测量的设备,用一根电缆线拖曳在船尾300m处。

席紧急召集科考人员商讨,寻求最佳解决办法,开会的同时立刻开赴日变站船所处位置。此时天公也似乎在考验大家,海况逐渐变差,将近3m的大浪让吨位较小的日变站船剧烈摇晃。在商讨完修复方案后,一夜未眠的磁力组长杜润林登上日变站船,经过近6h的紧急维修,最终修复了日变站,返回"海九"后他整个人近乎虚脱,但一句"修好了,我们可以继续作业了",让人肃然起敬。这种精神让我们为之振奋,也坚定了我们完成既定任务的决心。

深夜,透过房间的舷窗,西太平洋的夜空中满天星斗,银河清晰可见,偶有一颗流星划过。此时距离我们出航已经是第30天,我们也已经完成了首航既定的8000km的科考调查任务。当天恰逢"六一"儿童节,船长组织了儿童节视频开放活动,大家通过视频与家人沟通互动,此次活动大大缓解了队员们心理上的疲劳。虽然"六一"当天因工作不能陪伴孩子过节,但作为新时代的海洋地质工作者,我们既有小家也有大家,能为国家探索深海做出自己应有的贡献,大家都深感自豪。因此,虽然我们已经完成既定任务,但是目前作业区海况良好,船舶燃油充足,大家也都斗志昂扬,如能继续作业将能减轻后续作业压力。经过首席和船长的讨论,决定向单位申请继续作业,得到了肯定的答复后大家便继续开展作业。

6月4日,我们收到最新天气预报,2018年第5号台风"马力斯"将在8日生成,并将影响我们的作业区域,经过一系列的讨论,考虑到日变站船的续航能力,采取绕台风避让的方案未能通过,最终"海九"在超额完成既定调查任务后于2018年6月5日正式返航。

凯旋

返航途中党支部委员组织的飞镖之王、集体跳大绳活动让大家紧张的工作状态得以放松,大家也谈论起上船之初设立的工作之余的小目标:有的要减肥5kg,有的要减肥2.5kg,有的要长两块腹肌……这些目标有的已经实现,有的已超额完成。同时,我们也对本航次获取的数据进行了初步分析,详细撰写了各个技术方法的总结报告,我们已经迫不及待向领导汇报我们取得的首航成果!

2018年6月12日,当"海九"缓缓驶向舟山朱家尖码头,同样是一声高昂的汽笛声,同样是熟悉的身影,岸上越来越清晰的脸庞让我们的内心无比激动,我们回来了!是的,我们圆满完成了任务,没错,"海九"首航凯旋!

心得体会

由于这是青岛海洋地质研究所开启的首次自主大洋科考任务,大部分的科考人员都没有长时间、持续性的大洋作业经历,时间久了难免产生心理上的波动,尤其是通信不够通畅,只能进行文字和语音收发。分管所领导在获悉我们的实际情况后,立刻加大了我们的网络通信流量,根据实际情况,分时段为我们提供与家人视频交流的机会,这在很大程度上缓解了我们对亲人的思念。

航渡途中及作业期间开展的各类集体活动加强了在船人员之间的交流和沟通,增进了彼此的了解和团队的凝聚力。俗话说得好,百年修得同船渡,能同舟共济的我们必定能拥有天长地久的友谊!同时,在一次次的活动中也逐渐形成了我们特有的"海九"文化,这也将更好地指导我们开展今后的大洋科考任务。

3.3 海上风景

3.3.1 与"美人鱼"的不解之缘——邂逅粉海豚[①]

说起海豚,想必大家肯定都不陌生。国内很多城市的海洋馆都有可爱的海豚。它们精彩绝伦的表演,为观众带来无尽的惊喜和欢乐。小朋友们都特别喜欢看海豚表演,忍不住想去摸摸它。要说海豚是什么颜色的,想必大多数人会说是灰黑色或者灰白色,因为海洋馆里的海豚大都是这样的颜色。可如果我说,有一种海豚是粉红色的,你相信吗?而且这种海豚属于国家一级保护动物,全球只有6000头左右。下面就讲一下我和粉海豚(图3-14)的两次邂逅吧。

第一次见到粉海豚是在2007年11月,当时毕业没多久,我在珠海万山群岛附近开展地质取样工作。有一天我正在工作,突然听到甲板上的工人师傅喊:"快看,海豚,粉红色的!"我听后嗤之以鼻,心想:海豚我又不是没见过,都是灰黑色的,哪来的粉色的?但看到大家都在往那个方向看,我也忍不住看了几眼,没想到真的有粉色的海豚,像美人鱼一样,好几只轮流跳出水面,像是在跳舞,从此它们的样子深深地映入我的脑海中。

工作结束后,我特地查阅了相关资料,对粉海豚有了更加深入的了解,这种粉

---

① 3.3.1作者为青岛海洋地质研究所于得水。

色海豚的学名为印度太平洋驼背海豚,在我国被称为中华白海豚(*Sousa chinensis*),属于鲸目的海豚科,是宽吻海豚及虎鲸的近亲。很多人以为中华白海豚是一种鱼类,其实它们和鲸鱼都是哺乳类动物,和人类一样是恒温动物,用肺部呼吸、怀胎产子及用乳汁哺育幼儿。

图 3-14　粉海豚

随后几年,因为工作重心转移,去广东海域工作的机会不多,只能通过网络信息来获得粉海豚的消息。直到 2019 年 6 月,"海九"因天气原因在港珠澳大桥不远处锚地抛锚避风,我才有机会再一次见到粉海豚(图 3-14)。一天饭后我和同事在甲板上散步,我和他开玩笑,都 10 多年了,不知道我的"美人鱼"还有没有在等我呢。他不明所以,我就和他讲述了 2007 年在附近看到粉海豚的事情。或许是缘分吧,就在这时真有 2 头粉海豚在离我们船不远处跃出水面,我俩惊叹不已,赶紧拿手机拍下视频,留下了这段美好的回忆(那次外业结束后,我导出资料时由于操作不当,视频全部遗失,其中也包括这段和粉海豚的美丽邂逅,至今让我懊悔不已)。此后我又多次在网络上看到一些游客、渔民在此海域拍到粉色海豚的照片，也让我心里得到了些许安慰。

海豚的颜色有暗褐色、灰色、蓝灰色或者乳白色，那为什么中华海豚却是粉色呢？部分海豚研究人员认为，中华白海豚之所以呈现如此特别的颜色可能是白化病导致的，但是并不清楚其患有哪种类型的白化病。虽然粉色的海豚看起来美丽，但更多是无奈，所以让我们行动起来，爱护海洋、爱护环境！

粉海豚小知识

中华白海豚被称为"海洋中的大熊猫"，数量稀少，在我国是国家一级保护动物，被世界自然保护联盟(IUCN)濒危物种红色名录评估为"易危级"。虽然它的学名是白海豚，但这种海豚并非终生白色。刚出生的时候，它们是青灰色的；青年时期，变成浅灰色；然后，它们越来越白。老年时，它们会变成纯白色。当这些成年海豚快速运动的时候，为了散热，皮下的毛细血管会因充血使皮肤变成美丽的粉红色，当然也有专家认为粉红色海豚是由白化病引起的皮肤变色。

中华白海豚通常不集成大群，常3～5头在一起，或者单独活动。除了母亲及幼豚，白海豚组群不会有固定的成员。它们的群居结构非常有弹性，组群的成员也时常更换。根据记录，组群最多可有23头白海豚，平均数量为4头。中华白海豚性情活泼，常在水面跳跃嬉戏，有时甚至将全身跃出水面近1m高。它游泳的速度很快，时速可达12n mi/h以上。在各种渔船中，白海豚特别喜欢在双拖船后觅食，双拖船后的海豚组群也比其他的大很多。中华白海豚与陆生哺乳动物一样肺部发达，用肺呼吸，呼吸的时间间隔很不规律，有时为3～5s，有时为10～20s，也有时长达1～2min。它的外呼吸孔呈半月形开放于头额顶端，呼吸时头部与背部露出水面，直接呼吸空气中的氧气，并发出"Chi—Chi—"的喷气声。

3.3.2 地震拖缆上的海中"来客"——海龟[①]

2019年12月，我跟随"海九"执行中巴联合海洋地质调查，这是我第一次执行国际航次，也是第一次进入印度洋海域，内心或多或少有些兴奋与紧张。印度洋海域巴基斯坦专属经济区内，巴基斯坦渔民布撒在海水中的渔网较多，由于我们

---

① 3.3.2作者为青岛海洋地质研究所杜凯。

作业的方式是在船后拖曳6000m拖缆,所以拖缆经常会挂住渔网等物品,与印度洋海龟的第一次见面就缘于我们第一次收缆。

那天晚上需要回收拖缆检查,收到一半时我们看见拖缆上挂着一段废弃的渔网,我们想:终于找到这个信号的干扰源了。有人说:"快看有只海龟,渔网的下面缠着一只大家伙——海龟。"这只大海龟的龟壳直径有50~60cm,我们兴奋地把它搬上甲板,可是当我们把渔网从海龟身上取下时却心痛地发现,这只海龟由于被渔网紧紧缠绕已经奄奄一息了,于是我们迅速帮它拿掉了身上的渔网,海龟趴在那里微微地喘着气恢复体力。过了一会儿大家一致决定将海龟放归大海,让它回到它熟悉的生活环境,慢慢恢复。这件事也让我们有感而发,海洋是所有生物共有的领域,我们向海中随手丢弃的一件东西都有可能让某种生物遭受灾难。

海龟是海龟科、海龟属动物。头背具对称大鳞,前额鳞1对。上颌平出,下颌略向上钩曲,颚缘有锯齿状缺刻。吻部短圆,上颚前端不成钩曲。背甲呈心形,为橄榄色或棕褐色,杂以浅色斑纹,盾片镶嵌排列。四肢呈桨状,前肢长于后肢,每肢内侧各具1爪。雄龟尾长,达体长的1/2,前肢的爪弯曲成钩状。

大多数海龟居住在沿岸的浅滩水域,有些种类的海龟冬季居住在食物丰富的水域,到了产卵季节会进行一次长途迁徙。海龟食性复杂,以鱼类、头足纲动物、甲壳动物、软体动物以及海藻等为食,主要分布于太平洋、大西洋及印度洋中的温暖海域。

海龟是现存脊椎动物中最原始的类群之一,除南极洲以外的所有大陆上都曾有它们的身影。它们拥有强大的鳍状肢与流线型的外壳,帮助它们成为优秀的泳者并便于它们迁徙流动。200年前,数以百万计的海龟还在海洋中遨游,它们每年会在数千片海滩上出现并产卵。然而,在过去的100年里,它们的种群数量急剧下降,一些种群则完全消失了。现存的7个龟物种中,有6个物种被列为易危、濒危或极度濒危,第7个物种则由于数据缺乏未能探知其当前种群状态。因此,我们应该采取有效措施积极保护海龟。

> 海龟小知识

(1)棱皮龟(图3-15),现存体型最大的海龟,是所有海龟中分布最广的。涵盖温带和热带海域以及较为寒冷的亚北极海域。

图3-15　棱皮龟

(2)绿海龟(图3-16),唯一的食草性海龟。海草和海藻这类食物能够在它们的外壳下产生一种"绿色的脂肪",所以它被称为绿海龟。

图3-16　绿海龟

(3)玳瑁(图3-17),最喜爱在热带地区生活的海龟。研究发现,在1844—1992年的148年里,有近900万只玳瑁因其甲壳而被捕杀,在某些地区还有人吃它们的肉和蛋。

图 3-17　玳瑁

（4）蠵龟（图 3-18），拥有巨头和强壮下颚的海龟，又称红海龟，它们的分布范围涵盖了太平洋、印度洋和大西洋的温带到亚热带海域以及地中海的不同地区。

图 3-18　蠵龟

（5）丽龟（图 3-19），东太平洋地区数量最多的海龟，又称太平洋丽龟，它们通常会大规模地同步筑巢。

图 3-19　丽龟

(6)肯氏丽龟(图3-20),现存最稀有的海龟,在墨西哥湾和大西洋的热带海域被发现,它们和丽龟是现存海龟中体型最小的。

图 3-20　肯氏丽龟

(7)平背龟(图3-21),只生活在澳大利亚海域的海龟。与其他海龟不同,平背龟并不是高度迁徙的,它们的整个生命周期都生活在靠近筑巢海滩的区域内。

图 3-21　平背龟

3.3.3　艳丽的海洋杀手——海蛇[①]

2021年11月18日是我第二次来印度洋海域作业,平时除了可以看到我们的老朋友海龟自由自在地在海面漂浮之外,我们还见到了生活在印度洋的海蛇。

[①]　3.3.3作者为青岛海洋地质研究所杜凯。

有次晚上在锚地抛锚时,受后甲板灯光吸引,海面聚集了很多的海鸥,大家纷纷跑去后甲板观赏。突然在海面出现了一条长条状有纹路的"鱼"悠哉地从我们面前游过,在灯光的照耀下,显得格外艳丽。正当我们准备捞它上船看个究竟时,有人制止我们说:"这是海蛇,有剧毒。"我们纷纷向后退却一步——幸好没有惹到它。随后,我们远远看它在水面捕食。

海蛇(图 3-22),属于蛇目眼镜蛇科海蛇亚科,是一种生活在海洋中的爬行动物。世界上存在 50 多种海蛇,均为剧毒蛇,大多数聚集在大洋洲附近,少数几种海蛇,如长吻海蛇、青灰海蛇、环纹海蛇和青环海蛇等生活在温带海域。海蛇喜欢在大陆架和海岛周围的浅水中栖息,在水深超过 100m 的开阔水域中很少见,海蛇潜水的深度不等,浅水海蛇的潜水时间一般不超过 30min,在水面停留的时间很短,每次露头只是为了呼吸。

海蛇的毒液属于最强的动物毒。钩嘴海蛇的毒液是眼镜蛇毒液毒性的两倍,是氰化钠毒性的 80 倍。海蛇咬人无疼痛感,其毒性发作有潜伏期,被海蛇咬后 30min 甚至 3h 内均没有明显的中毒症状,然而这很危险,容易让人麻痹大意。实际上海蛇毒极易被人体吸收,中毒后最先感到肌肉无力、酸痛、眼睑下垂,同时心脏和肾脏会受到严重损伤。人被海蛇咬伤后,可能在几小时至几天内死亡。多数海蛇只会在受到骚扰时才咬人。

图 3-22 海蛇

3.3.4 海洋飞鱼[①]

在茫茫大海中开展远洋科考,工作生活紧张而忙碌,但时常会有一些海洋朋友造访,带给我们许多惊喜与欢乐。海洋飞鱼(图 3-23)便是那一群我们经常见到的朋友之一,它以能飞而著名。天气晴朗海况良好的日子里,船头直升机甲板是一

图 3-23　飞鱼

---

① 3.3.4 作者为青岛海洋地质研究所李春宁。

个观景"会客"的好去处。晚饭后休息时间,站在甲板一侧,会看到我们的老朋友——飞鱼跟我们"打招呼",并带给我们精彩的飞行表演。成群的飞鱼,跃出起伏涌动的海面,展开鸟翅一样的胸鳍,破浪前行,飞行十数米后落到水面,尾鳍再次拍击海面展鳍飞行。它们像参加运动会比赛,通过飞行速度、高度以及距离,展示着自己的技巧与力量。

  飞鱼不仅可以在水中游,还可以像鸟类一样在空中飞翔,是全球飞得最远的海洋生物。飞鱼为何会具有如此不同的飞行本领呢?飞鱼的身体结构十分奇特,生长着发达的胸鳍,且一直延伸到尾部。飞鱼身躯形态像我们平常所见的黑鱼,呈流线型,在水中游动时可减少水的阻力。飞鱼从水下快速游向水面,越来越快,胸鳍紧贴着身体。在身躯大部分穿出水面时,长长的胸鳍猛然张开,如大鹏展翅。此时,飞鱼尚在水中的尾部用力快速拍击水体,通过反作用力得到向上的推力,再借助出水时的速度,使身体腾空,高度可达 1m 甚至数米,像燕子一样开始滑翔。因此,在我国沿海地区飞鱼常被称为"燕子鱼"。飞鱼不像鸟类那样强力拍动翅膀飞行,因此跃出海面滑行数十米后便又落到水面。飞鱼可再次跃出水面滑行,连续滑行长度可达数百米。

  鱼类大多在水中呼吸,在水中捕食,飞鱼为何要练就一身飞行本领,跃出水面滑行呢?难道是为了表演炫技吗?其实不然。飞鱼有 8 属 50 余种,广泛分布在世界上的温暖海域,生活在热带及暖温带水域上层,在太平洋、印度洋、大西洋中都可见其身影。飞鱼主要以水中的浮游生物为食,其体型较小,普通的飞鱼约 20cm,属于小型海洋生物。在大鱼吃小鱼的海洋世界里,飞鱼没有毒液或尖刺,且肉多鲜美,常常被其他大型海洋生物捕食,如剑鱼、鲯鳅等。为了躲避海洋天敌,更好地生存下去,飞鱼进化出了可用于滑翔的"翅膀",在遭到游速更快的天敌追捕时,飞鱼会冲出水面使其迷失目标而放弃,从而逃过一劫。其实,飞鱼平时并不轻易跃出水面,只有在受到攻击或者受到轮船引擎声的惊吓刺激时才会飞。在海面上空,飞鱼仍有一些鸟类天敌,如军舰鸟,飞鱼飞到空中时,容易被守株待兔的鸟类天敌轻松捕捉。

  早在 2.4 亿年前已经存在飞鱼了。在漫长的岁月里,飞鱼依靠着强大的繁殖能力、飞行本领及群体行动,混淆天敌的视线、躲避天敌,不断繁衍壮大,一直生存到现在。

4

海底风光

 逐梦深蓝——"海洋地质九号"深海探宝

神话传说是人类文明最早的表现形式,是人类认识自然,改造自然的开端。古人通过神话表达对世界的认识,各种各样的海洋神话故事向世人描绘出了丰富多彩的海底世界,但是神秘的海底到底是一个什么样的世界?海洋真的没底吗?海底真的有金碧辉煌的龙宫吗?真的有生活在海底深处的美人鱼吗?真的有海底宝藏吗?中国地质调查局青岛海洋地质研究所海洋地质九号科考船近年来的科考足迹已经遍布我国的黄海、东海、南海以及西太平洋和印度洋,取得了一批重要的科考成果,这些珍贵的科考成果将为大家揭开神秘海底世界的面纱。

 **4.1 海沟**

海沟是位于海洋中两壁较陡、狭长、水深大于5000m的沟槽凹地,是海底最深的地方,它是深海中典型的海底地貌。在地质学上,海沟的产生被认为是海洋板块和大陆板块相互作用的结果,两个板块相互摩擦,形成长长的"V"字形凹陷地带。海沟中最知名的是马里亚纳海沟(图4-1),它位于西太平洋马里亚纳群岛东南侧,深11.034km、长2550km、宽70km,最早由英国挑战者Ⅱ号科考船于1951年

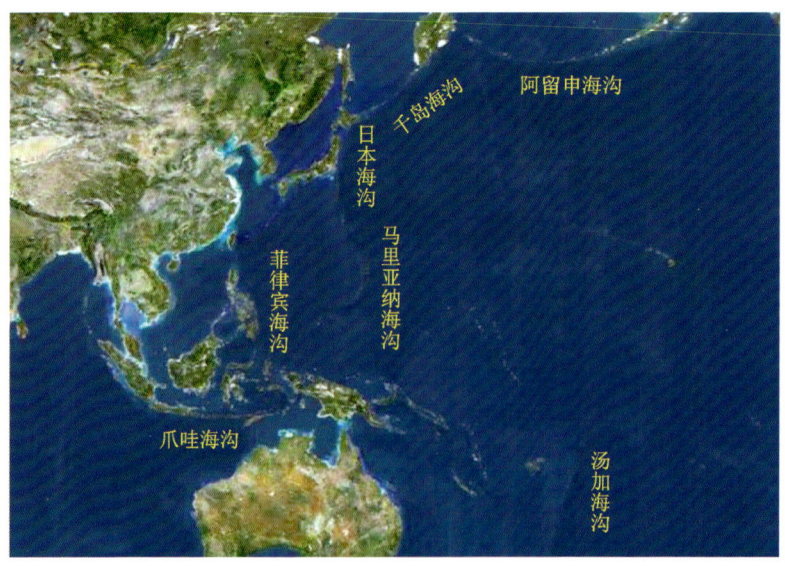

图4-1 马里亚纳海沟位置图

在太平洋关岛附近发现。深度超过 10 000m 的海沟还有汤加海沟、日本海沟、千岛海沟、菲律宾海沟、克马德克海沟等。

近年来"海九"曾多次前往西太平洋开展科考工作并在马里亚纳海沟附近开展水深测量等工作。

4.2 海脊

海脊也叫海岭,即海底的山脉,一般在海面以下,高出两侧海底可达 3~4km,在大洋中央部分的海岭称为中央海岭,也叫大洋中脊(图 4-2),它是地球上最大、最长、最年轻的山系。大洋中脊连通着太平洋、大西洋、印度洋、北冰洋四大洋,总长度超过 80 000km,像一条巨龙俯卧在海底,注视着波涛滚滚的洋面,见证着地球的沧桑历史。

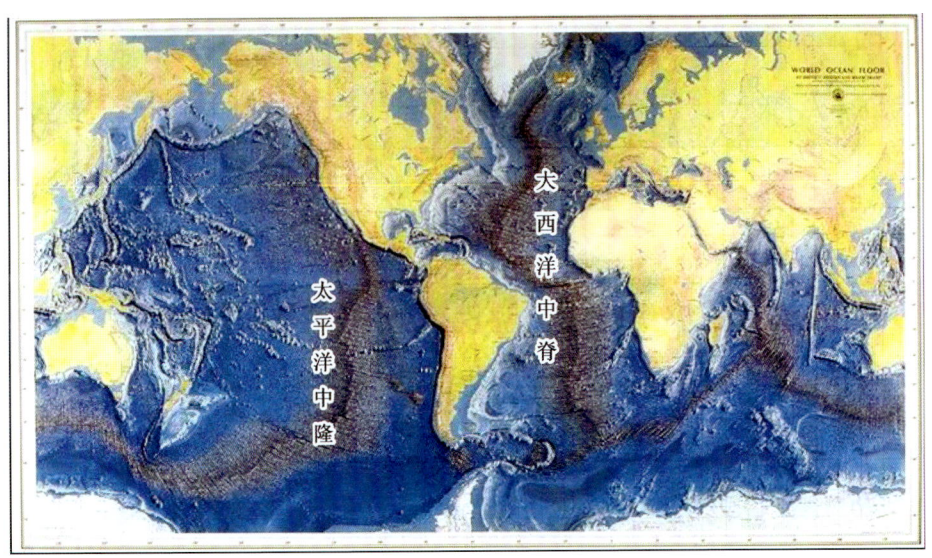

图 4-2　大洋中脊

4.3 海底火山

海底火山是形成于浅海和大洋底部的火山,包括死火山和活火山。海底火山的分布相当广泛,大洋底部散布的许多圆锥山都是它们的杰作——通常火山喷发后留下来的山体都是圆锥形状(图4-3)。据统计,全球共有海底火山2万多座,其中太平洋海底火山占到一半以上。这些火山中有活火山也有死火山,也有的正处在休眠期,说不定哪一天就苏醒[①]喷发。前期喷发的汤加火山[②]就是处于休眠期的火山,它逐渐苏醒过来,喷发活跃期可持续数周甚至数年。

图 4-3　海底火山

"海九"在执行西太平洋调查任务时利用多波束测深仪发现了大量疑似海底火山的地貌(图4-4)。由于未开展更多手段的调查,仅从多波束地形图来看,这些可能都是一些死火山,可能在千万年前有过喷发史。

---

① 苏醒指火山随时会爆发,该状态会持续数周甚至数年。
② 汤加火山是位于南太平洋岛国汤加王国境内的洪阿哈阿帕伊岛海底火山。

4 海底风光

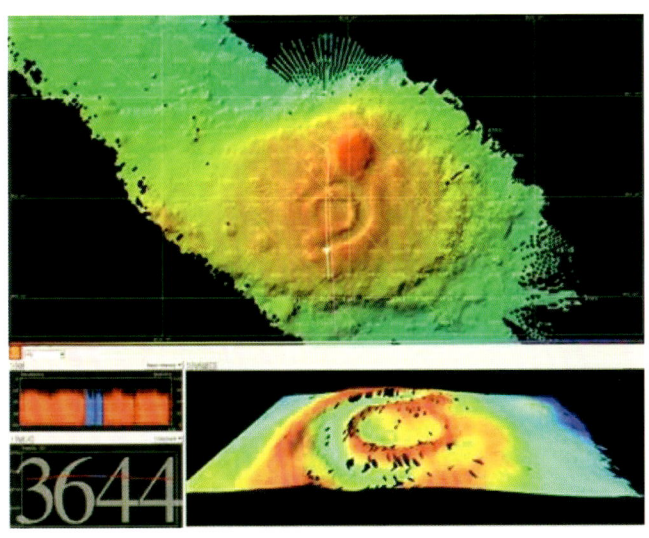

图 4-4　实测疑似海底火山地貌图

4.4　海底冷泉

海底冷泉是指以甲烷、硫化氢及其他碳氢化合物为主要成分的流体,在压力差、温度差等作用下,通过海底孔隙或断裂等通道,以低温(一般接近海水温度)、低速的方式从海底渗出的现象,由于温度不高,因此被称为冷泉,它广泛发育在活动和被动大陆边缘斜坡海底(图4-5)。通过研究海底冷泉生态系统中微生物的活动,可以揭秘微生物的活动过程及进化机制、古海洋及现代海洋环境的演化过程。

图 4-5　海底冷泉气体逸出示意图

2021年，"海九"在南海执行科考任务时曾在海底发现疑似海底冷泉的羽状流，如图4-6、图4-7为多波束声学剖面展示的海底羽状流和浅地层声学剖面展示的海底水体声学剖面。现场声学剖面显示羽状流的高度达数十米，由于当时科考任务繁重，未开展海底摄像等更直观的观测。

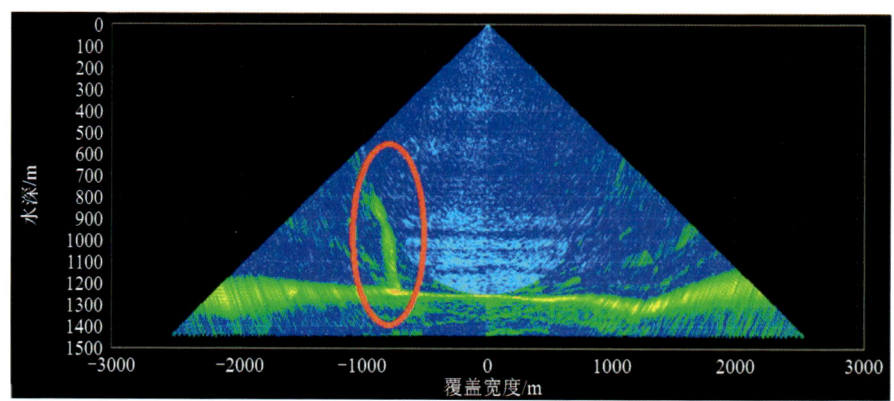

图4-6　多波束实测海底冷泉气体逸出的声学剖面图

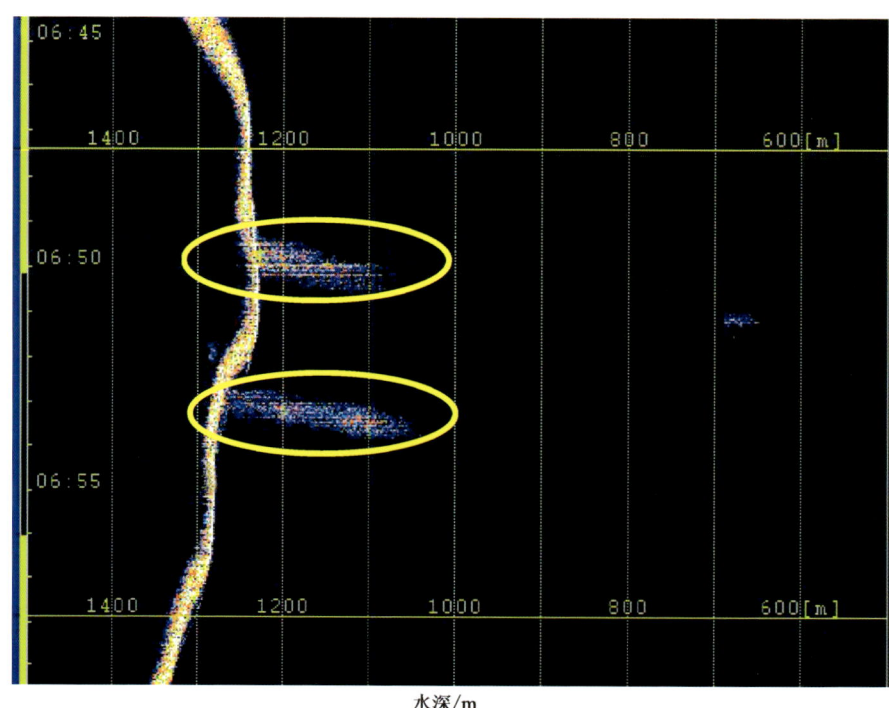

图4-7　南海某海域浅剖实测海底冷泉气体逸出的声学剖面图（黄色椭圆内为羽状流图像）

4.5 海底生物

2021年,"海九"在西太平洋执行大洋科考任务,获得了大量水深5000m左右的海底摄像数据,拍摄到各类海底生物,如鱼类、软体动物、珊瑚、海绵生物等(图4-8至图4-12)。从图4-8可以发现深海的鱼类多为长条状,这样的身体特征是千万年来生物进化的结果,如此一来它们能更好地适应深海产生的压力。

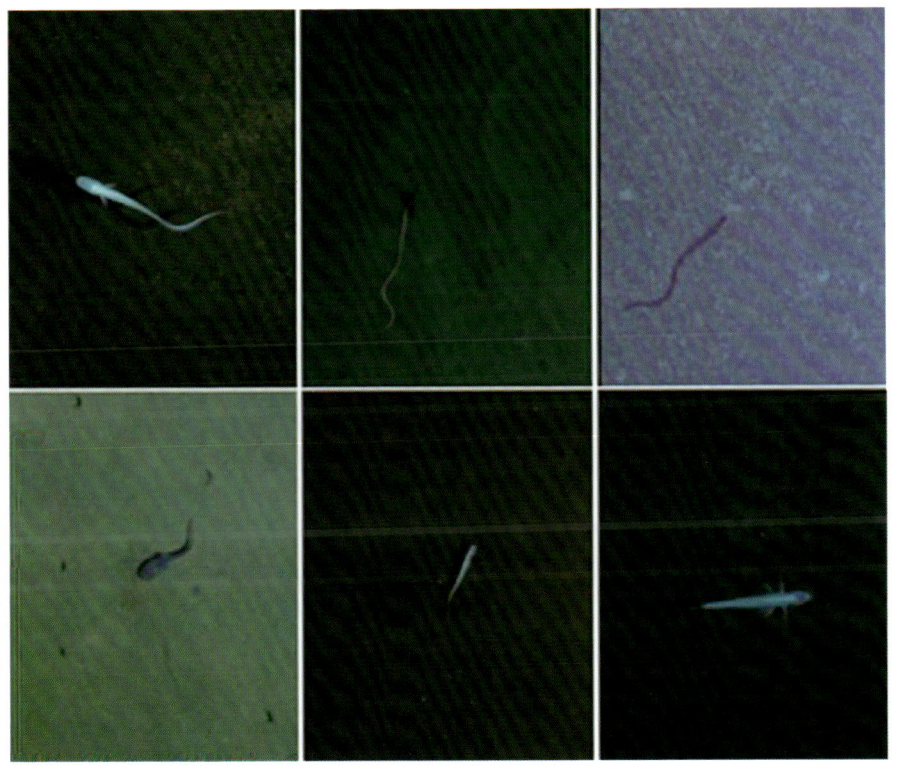

图4-8 海底深处活动的鱼类

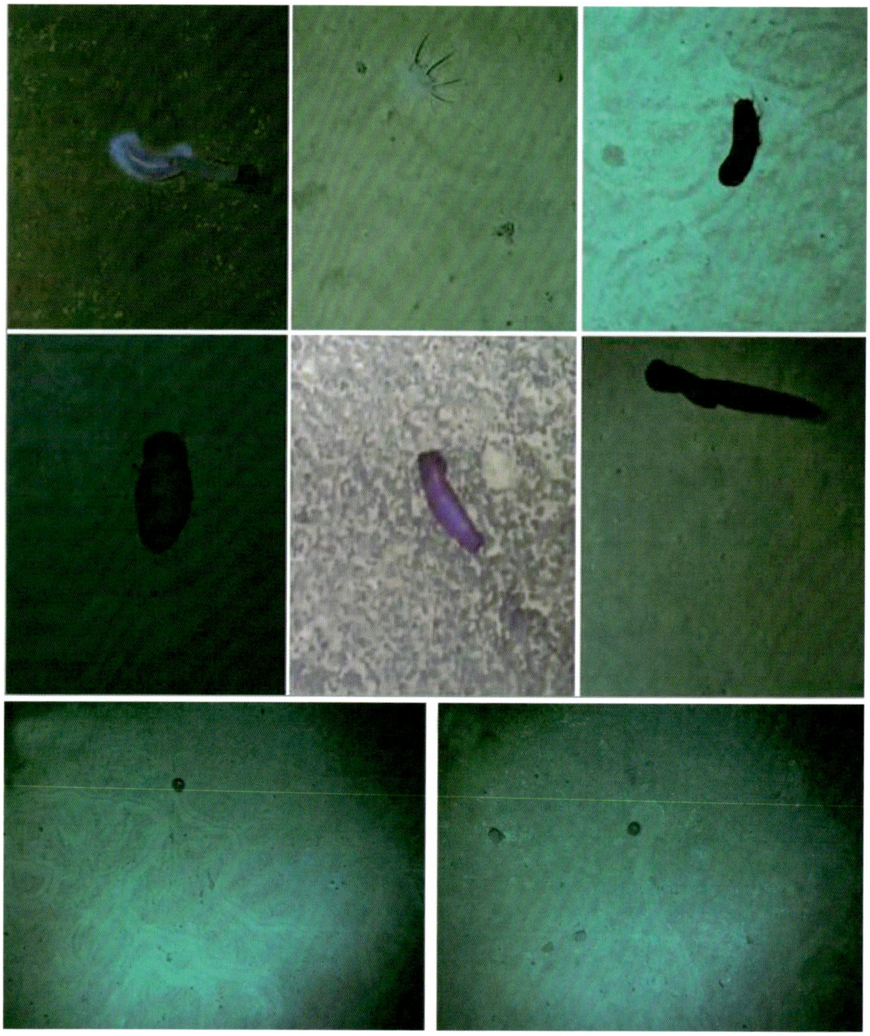

图 4-9　海底深处活动的软体动物及其活动痕迹

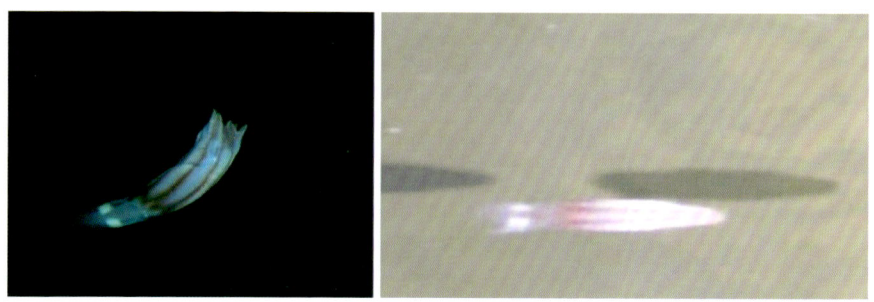

图 4-10　海底深处活动的小型鱿鱼

4 海底风光

图 4-11　海底深处的珊瑚

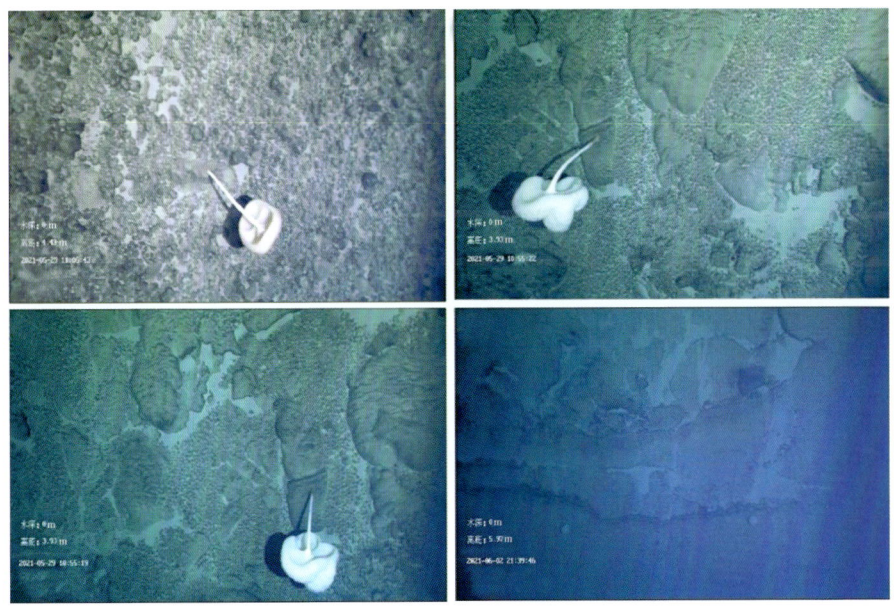

图 4-12　海底深处的海绵生物

5.1 海底沉积物

5.1.1 什么是海底沉积物

地球上海洋面积约占地球表面积的71%,自中生代以来海洋沉积物总体积达5.36亿 km³,约占全球沉积物总量的32.9%。海洋沉积物是相对于陆地沉积物而言的,是位于海水之下和海底岩石之上的松散未固结成岩物质。海洋沉积物的基本特征与陆地沉积物并无原则性的区别,但是海洋沉积物在其沉积物来源、沉积物矿物组成、沉积物中微量元素、沉积物的结构构造上都有其独特之处。海洋沉积物是一个巨大的信息库,它记录着丰富的有关地球历史演化的信息。

5.1.2 海底沉积物的成因

海洋沉积物来源主要有陆源、内源、生物源和火山源。陆源沉积物主要由碎屑硅酸盐矿物组成,来自陆地的风化剥蚀,大部分在近海陆架,少量通过浊流和洋流带入深海环境。内源沉积物主要来自海水析出的化学、生物化学物质,如碳酸盐沉积物、硅质沉积物、蒸发沉积物等。生物源沉积物直接由动植物的残骸组成,如滨海环境中常见的泥炭沉积。火山源沉积物即火山碎屑沉积,主要分布在板块边缘或火山活动区域。

5.1.3 "海九"获取的海底沉积物

"海九"在中国东海(冲绳海槽)、南海,西太平洋、印度洋等区域获取的多为半深海—深海沉积物。通过不同的地质调查设备获取多种海底表层沉积物(海底以下0~1m厚)和长柱状沉积物(海底以下0~14m厚)。这些沉积物主要以半深海—深海黏土为主,也有少量钙质软泥、硅藻软泥等。图5-1至图5-4是"海九"近年获取的部分海底沉积物样品。

5 深海宝藏

图 5-1 箱式取样设备获取的深海黏土和海盆多金属铁锰结核样品

图 5-2 深海可移动电视抓斗获取的深海钙质软泥和海山多金属铁锰结核样品

· 49 ·

图 5-3 柱状取样设备获取的深海黏土样品

图 5-4 柱状取样设备获取的深海黏土样品

5.1.4 沉积物的用途

通过取样设备获取的海洋沉积物将被送到实验室进行多种测试分析,包括沉积物粒度、地球化学分析(常量元素、微量元素、稀土元素、稳定和放射性同位素)、碎屑矿物、黏土矿物、古生物(有孔虫、放射虫等)、多种年代测年等。根据以上测试分析获得数据,可以反演一定历史时期里的海洋环境、矿产资源、古海洋、古气候学以及全球变化等历史信息,解释古代海洋沉积物形成机制、研究地壳表层演化历史。现代海洋沉积物的研究对于寻找海洋油气等矿产资源,解决近海工程地质、灾害地质等问题都具有重要的意义。

5.2 海底岩石

5.2.1 什么是海底岩石

地球可以分为地壳、地幔、地核3个部分。其中地壳是被限定在莫霍面以上的岩石物质。地壳厚度变化很大,在5～70km之间变化,平均厚约30km。根据其结构特征、物质组成及厚度差异,可分为陆壳和洋壳两大类。20世纪50年代以来,深部地震探测数据表明洋壳很薄,并且具有3层结构:沉积层主要由陆源、内源、生物源和火山源物质组成,层厚0～2km(平均厚度0.5km);基底层主要为玄武岩并夹有固结沉积岩;大洋层是海洋型地壳主体,根据纵波波速推测可能为蛇纹石化橄榄岩、辉长岩等。因此海底表面岩石以玄武岩为主,局部会有已固结沉积岩。并且在合适海洋环境条件下这些岩石表面将会由缓慢生长的多金属结壳包裹。

5.2.2 海底岩石的成因

经深海钻探揭露,洋壳火成岩主要为拉斑玄武岩,以枕状熔岩或者火山角砾岩的形式存在。通过分析岩石化学性质,科学家发现它来自地幔的岩浆,即大洋中脊轴部裂谷带上涌的岩浆经过海水冷却后形成的。

5.2.3 "海九"获取的海底岩石

2021年6月,"海九"在西太平洋九州-帕劳海脊某处通过深海可移动平台搭载深海浅钻获得28cm岩芯样品,其中表层0~10cm为黑色铁锰结壳,10~28cm是灰色为主夹有黄色、灰黑色斑状物的火山角砾岩。图5-5至图5-7为深海移动平台上的深海浅钻工作的过程图。

图5-5　深海移动平台搭载深海浅钻甲板调试后准备下水

图5-6　深海移动平台水下寻址、岩石钻进

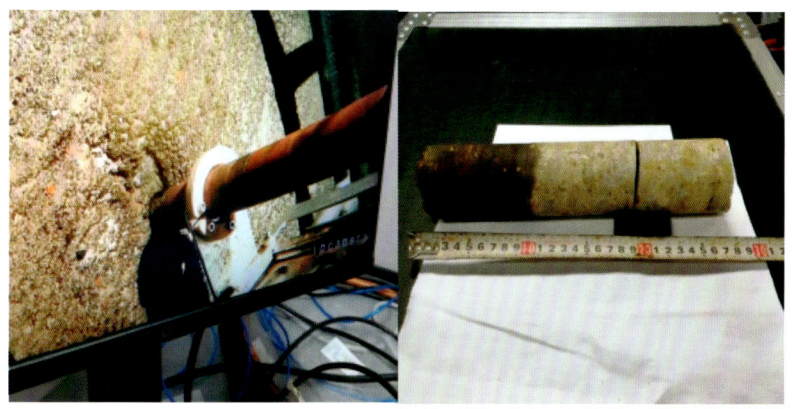

图 5-7 深海移动平台搭载深海浅钻获取岩石样品

5.2.4 海底岩石的用途

广阔的大洋海底是地球表面构造岩浆活动、热液作用、沉积作用等非常活跃的区域,在相对持久的地质作用下形成了多种类型的洋底矿产资源。通过对海底岩石进行矿物成分分析、地球化学测试、年代测年等实验,有助于我们了解海底洋壳的物质来源、构造演化历史及其形成机制;对于海底矿产资源的调查和研究也将有利于维护国家海洋权益。

5.3 海砂

5.3.1 什么是海砂

海砂,顾名思义就是海中的砂石。颗粒较大的为砂,一般以厘米为单位,颗粒较小的为沙,通常以毫米为单位,它正成为仅次于石油和天然气的第二大海洋矿产(图 5-8)。

图 5-8　海砂(左是砂,右是沙)

5.3.2　海砂的成因及分布

海砂是纯天然矿产资源,主要是由海里的石头在波浪的冲刷作用下滚动、碰撞、打磨而形成的颗粒。我国的海砂资源主要分为两类:一类是海岸海砂,分布在海岸和近岸海域;另一类是浅海海砂,分布在陆架的浅海海域。

5.3.3　海砂的用途

海砂作为一种重要的矿产资源,有着广泛的用途,在全球海砂总生产量中,90%以上用作土木工程建筑材料,部分用于工业制造,含铁量高的海砂也可以用来炼铁、炼钢(图 5-9、图 5-10)。

图 5-9　海砂用途:道路铺设

图 5-10　海砂用途:炼铁

5.3.4 "海九"获取的海砂

青岛海洋地质研究所开展过多个海砂资源调查项目。侧扫声呐可以对海砂资源进行大规模的调查,结合取样验证最终可以估算海砂资源赋存量。海砂在海底的形态有两种:一种是沙波(图5-11),其形态和海边退潮后出现的沙波一样;另一种是沙脊(图5-12),在海底像连绵的小山包。"海九"配备的Klein 5000 V2侧扫声呐测量设备,可以实现对海砂更高精度的探测(图5-13、图5-14)。

图5-11 侧扫声呐测量的海底沙波

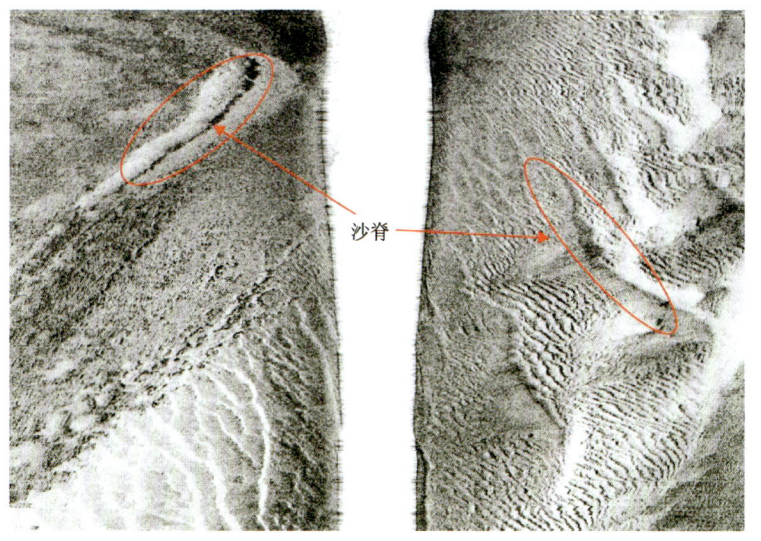

图5-12 侧扫声呐测量的沙脊

图 5-13　海砂样品

图 5-14　海砂侧扫声呐镶嵌图

5.4 海洋石油

5.4.1 什么是海洋石油

石油早在公元前10世纪之前就有被利用的记录,例如古埃及、古巴比伦、古印度很早就有采集天然沥青用于建筑、防腐、黏合装饰等。我国最早在东汉班固所著的《汉书》中就有利用石油的记录,而"石油"一词最早源自中国北宋杰出的科学家沈括(1031—1095年)所著《梦溪笔谈》,书中记载"生于水际砂石,与泉水相杂,惘惘而出",因而被称作"石油"。

我们通常所说的石油一般是指原油,它是一种从地下深处开采出来的棕黑色可燃性黏稠液体矿物质。海洋石油则是在海洋海底深处开采出来的石油。

5.4.2 海洋石油的成因和分布范围

目前被人们普遍接受的石油生成理论是有机生物成油,该理论认为今天的石油储备是数百万年之前的动植物等有机物分解而成。在约3亿年前,浮游动物和藻类死去的有机物在湖底和海底等环境中堆积,在漫长的岁月中,有机体处在高温、高压的状态中,首先形成蜡状的油母,而后被进一步加热生成液态或者气态的烃类。由于这些碳氢化合物比附近岩石中的水轻,它们就会向上渗透到附近的岩层中,聚集到一起形成油田(图5-15)。

世界海洋石油资源量占全球石油资源总量的34%,其中已探明的储量约为380亿t,而深水海洋石油资源占海洋石油产量的30%。近年来,全球重大油气发现中70%来自水深超过1000m的海域,并呈现出上升趋势。在深海石油资源产区中,巴西、西非和美国墨西哥湾仍将占据主要的地位。

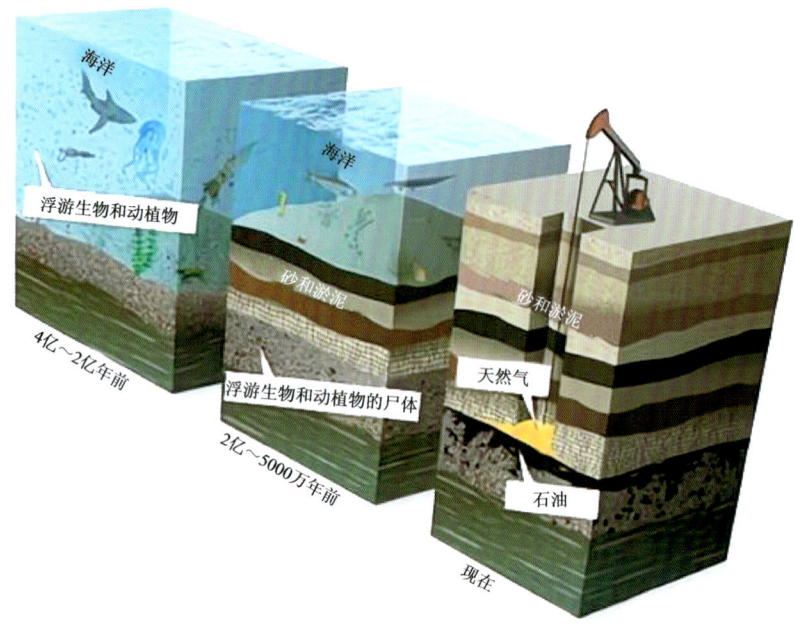

图 5-15　海洋石油生成及开采示意图

5.4.3 "海九"如何探测海洋石油

"海九"配备了国际上先进的长排列二维多道地震勘探系统,入列以来在东海、南黄海、印度洋阿拉伯海进行过多次海洋石油勘探,圈定了多个油气储藏有利区,如图 5-16 至图 5-18 为"海九"多道地震勘探示意图、海洋石油勘探地震剖面图、海上石油开采图。

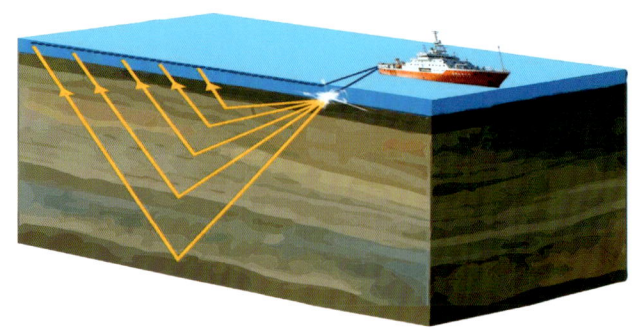

图 5-16　"海九"多道地震勘探示意图

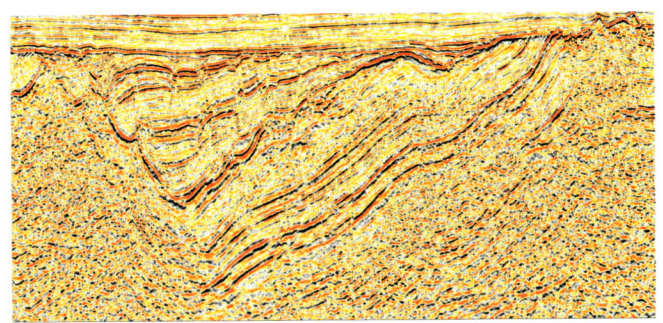

图 5-17 "海九"海洋石油勘探地震剖面图

图 5-18 海洋石油开采图

5.4.4 海洋石油的用途和意义

石油作为工业血液,与我们的生活息息相关,它的用途主要分为六大类(图 5-19)。第一类也是最主要的用途,是作为燃料,包括汽油、柴油、喷气燃料(航空煤油)等发动机燃料以及灯用煤油、燃料油等。燃料的数量约占石油产品的 80%,其中发动机燃料占 60%。第二类是作为润滑剂及有关产品,包括润滑油和润滑脂,主要用于降低机械部件的摩擦和防止磨损,以减少能耗、延长机械寿命。第三类是石油沥青,主要用于道路、建筑和防水等方面。第四类是石油蜡,主要用于轻工、化工和食品工业的原料,如我们穿的衣服,超市里的矿泉水瓶等。第五类是石油焦,主要用来制造炼铝和炼钢用电极。最后一类是溶剂和化工原料,包括轻油(制取乙烯的原料)、石油芳烃和各种溶剂油。

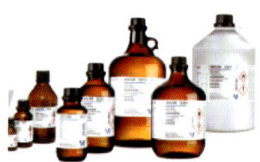

图 5-19　石油的应用

作为一种不可再生的能源,陆地上的石油资源已经越来越少,因此海洋石油的勘探显得越发重要,人类也投入了大量的人力和物力进行海上石油的勘探和开发。

5.5　天然气水合物

5.5.1　什么是天然气水合物

天然气水合物是天然气与水在高压低温条件下形成的类冰状结晶物质,因其外观像冰,遇火即燃,因此被称为"可燃冰"(图 5-20),又称气冰、固体瓦斯。它燃烧后仅生成二氧化碳和水,对环境的污染远小于煤和石油,且全球储量巨大。标准状况下,1m^3 的可燃冰可以释放 164m^3 的天然气,因此它也被公认为是传统化石能源最理想的替代能源之一。

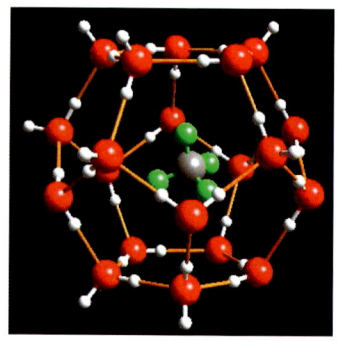

图 5-20　可燃冰的分子模型

5.5.2 天然气水合物的成因和分布范围

天然气水合物的气体组分主要是甲烷（CH_4），在靠近大陆的海底泥质沉积物中广泛存在，在海底只要温度低、压力大就很容易形成可燃冰。研究表明，水深超过300m的海域就具备可燃冰形成的压力。已经探明的可燃冰资源量99%都分布在海底，只有1%分布在大陆的冻土地带。

世界上海底天然气水合物在各大洋均有分布，已发现的主要分布区是大西洋海域的墨西哥湾、加勒比海、美国东海岸外的布莱克海台[①]等，西太平洋海域的白令海、日本海、中国南海海槽等，东太平洋海域的中美洲海槽，印度洋的阿曼海湾，南极的罗斯海，北极的巴伦支海等（图5-21）。

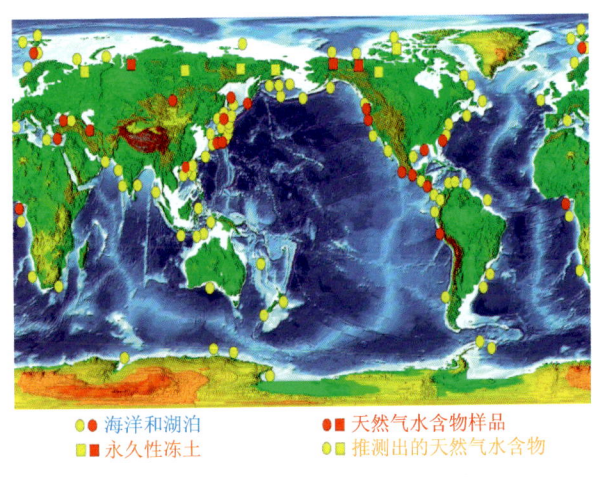

● 海洋和湖泊　　■ 天然气水合物样品
■ 永久性冻土　　● 推测出的天然气水合物

图5-21　天然气水合物的分布图

5.5.3 "海九"如何探测天然气水合物

"海九"配备了国际先进的二维多道地震探测系统，在进行水合物探测时采用短排列高精度地震勘探，"海九"入列以来在东海、南海、印度洋阿拉伯海进行过多次天然气水合物勘探，圈定了多个水合物成藏有利区，如图5-22、图5-23分别为

---

① 海台指海底高原、平顶海山。圆形或椭圆形似平顶山，如日本海中的朝鲜海台、太平洋的沙茨基海台、大西洋的布莱克海台等。

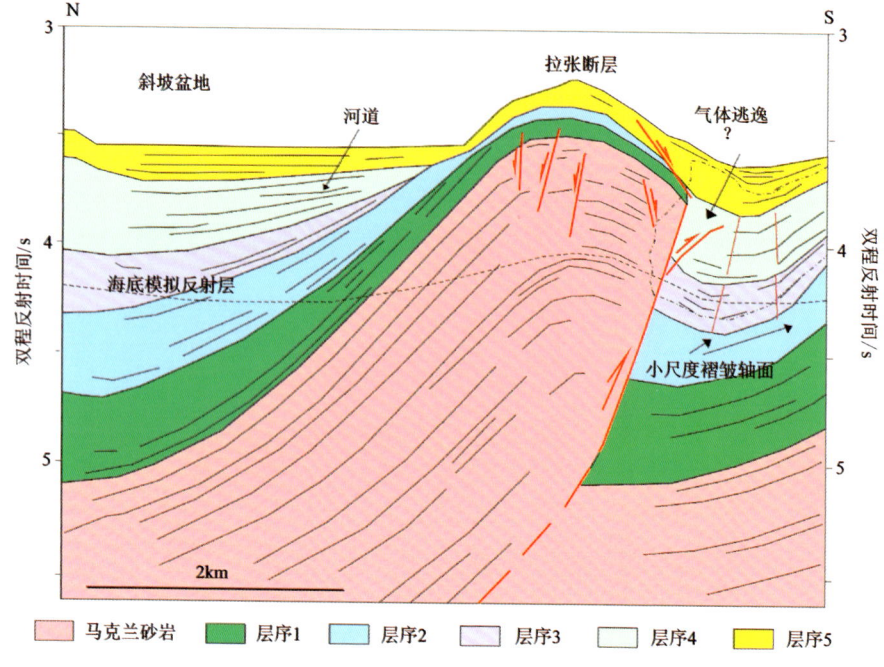

图 5-22 天然气水合物成藏示意图

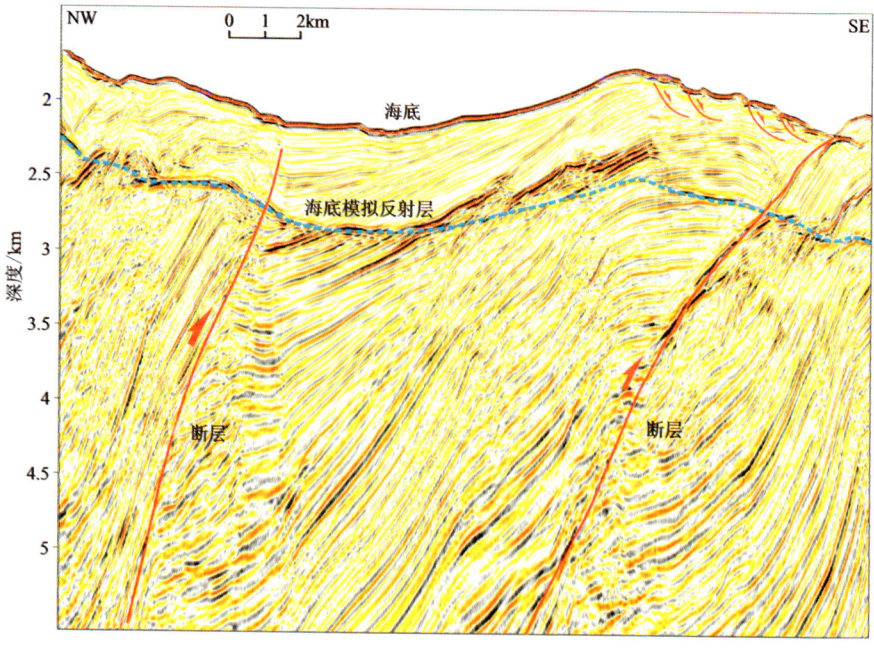

图 5-23 水合物地震剖面图

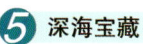

天然气水合物的成藏示意图和水合物地震剖面图。目前我国已经开展了两轮的水合物试采工作,水合物试采技术已经达到国际先进水平(图5-24)。

图 5-24　天然气水合物试采现场图

5.6　多金属结核——锰结核

5.6.1　什么是锰结核

多金属结核含有30多种金属元素,以锰、铁、镍、铜、钴等多金属的化合物组成,颜色以深褐色、黑色为主,外形为类似鹅卵石的团块,因此被称为多金属结核,其中氧化锰含量最多,又称为锰结核(图5-25)。

图 5-25　锰结核特写

5.6.2 "海九"获取的锰结核

锰结核最早由英国"挑战者"号科考船于 1873 年 2 月 18 日在北大西洋加利群岛西南海域的深海沉积物中发现。中国从 20 世纪 70 年代中期开始进行大洋锰结核调查,其中"向阳红 05 号""向阳红 16 号""向阳红 09 号""海洋 04 号""大洋一号"等都进行过锰结核的探测。青岛海洋地质研究所"海九"自 2017 年 12 月入列以来多次前往西太平洋进行科考工作,在西太平洋海域利用箱式取样器、地质拖网和电视抓斗也获得了大量锰结核样品,其形态各异,有球状、椭圆状、马铃薯状、葡萄状、扁平状、炉渣状等,大小以几厘米为主,重量多在 100g 左右(图 5-26)。其中"海九"在 2021 年西太平洋科考航次中通过海底摄像也拍摄到了海底锰结核的图片(图 5-27)。

图 5-26 "海九"获取的锰结核样品现场照片

图 5-27 海底摄像拍摄到的锰结核

锰结核的构造是什么样的呢？我们将锰结核剖开就会发现，这种团块是由金属围绕一个核心一层一层缓慢生长形成的矿物，核心是化石、岩石或者其他结核的碎片，呈同心圆状一层层长成，像一块切开的洋葱。结核的表面既可能比较光滑，也可能比较粗糙，光滑的表面往往与海水相接触，而粗糙的表面则被沉积物所包围。

5.6.3 锰结核的成因及分布范围

关于锰结核的生成原因，主流观点有两种。一种观点认为锰结核是水成作用成因，金属成分缓慢从海水中析出，经氧化沉淀形成结核体。另一种观点认为锰结核是成岩作用成因，沉积物内的锰重新活动，在沉积物水界面析出，形成结核。锰结核位于海底沉积物之上，往往处于半埋藏状态。结核的生长极其缓慢，数百万年才增长 1cm 左右。

锰结核广泛分布于世界海洋 2000～6000m 水深海底的表层。随海水深度增加锰含量也增加，铁和钴则略有减少，而以生成于 4000～6000m 水深海底的锰结核品质最佳。据估计，海洋中锰结核总储量估计在 30 000 亿 t 以上，其中以太平洋分布面积最广，规模占一半以上，约为 17 000 亿 t。

5.6.4 锰结核的用途及意义

锰结核是一种含有 30 多种金属元素的多金属团块，其中最有商业开发价值的是锰、铜、钴、镍等，锰含量最高可达 55%。

锰结核所富含的金属，广泛地应用于现代社会的各个方面。如金属锰可用于制造锰钢，锰钢极为坚硬，抗冲击、耐磨损，大量用于制造坦克、钢轨、粉碎机等。锰结核所含的铁是炼钢的主要原料，所含的金属镍可用于制造不锈钢，所含的金属钴可用来制造特种钢，所含的金属铜大量用于制造电线。锰结核所含的金属钛，密度小、强度高、硬度大，广泛应用于航空航天工业（图 5-28），有"空间金属"的美称。

图 5-28　锰结核广泛应用于航空航天工业

随着陆域矿产资源减少,这种含有多种金属元素的锰结核越来越受到人们的重视。锰结核里包含多种战略物资,已经引起了各国争夺,因此各国对锰结核资源调查也越来越重视。

5.7 海底特殊目标物探测

5.7.1 海底沉船

海底沉船对船只的航行带来巨大安全隐患,因此需要查明其在水下的准确位置和形态特征,标识在海图中,为航行船只提供安全的通行信息。"海九"配备了Klein 5000 V2 深水侧扫声呐测量设备,它可以用来寻找海底沉船,如图为海底沉船侧扫声呐声学剖面(图5-29)。

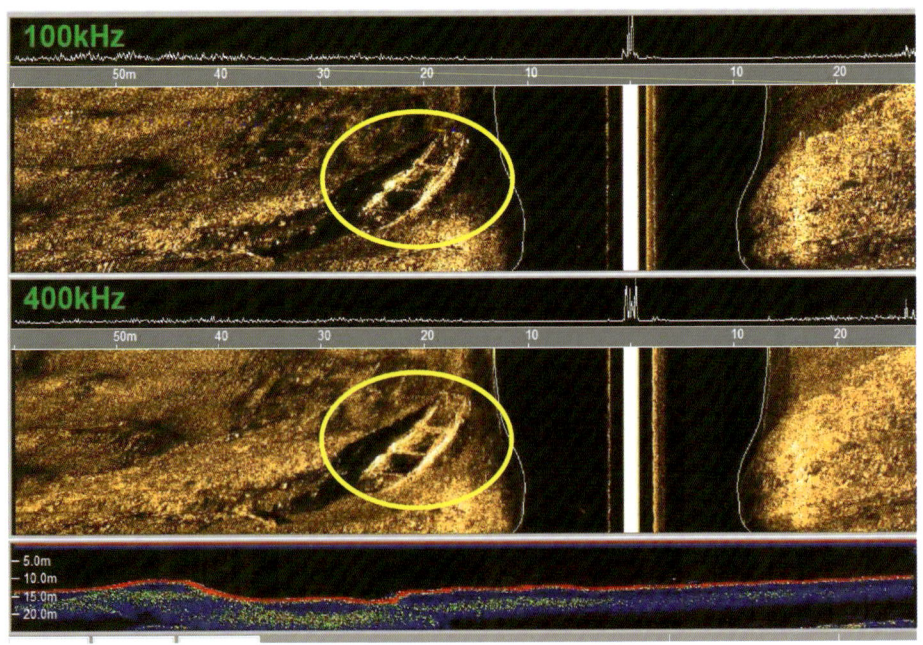

图 5-29 海底沉船侧扫声呐声学剖面

5.7.2 坠海飞机

2015年,震惊全球的马来西亚航班失踪事件到目前为止仍然是一个谜,全球各国投入大量的人力物力在该航班坠落海域进行大范围的探测,我国也派船只在该海域进行了水下搜索,其中应用最多的是侧扫声呐探测技术,图5-30是侧扫声呐扫测到的坠海飞机声学剖面,"海九"配备的Klein 5000 V2深水侧扫声呐测量设备可开展坠海飞机的探测工作。

图 5-30　海底飞机残骸侧扫声呐声学剖面

5.7.3 海底光缆

海底光缆又称海底通信电缆,它可以实时传递信息,不仅可以实现全球通信互联,也可以实现海底监听探测目的,用作军事信息获取。下图为2021年"海九"在执行西太平洋调查任务时利用海底摄像拍摄到的两条海底光缆(图5-31)。

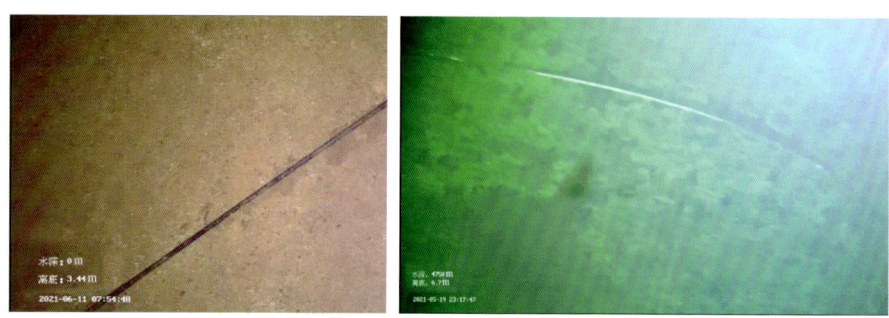

图 5-31　海底光缆

后记　　强国梦

海洋是生命的摇篮,也是人类文明的摇篮。2018年6月12日,习近平总书记在青岛海洋科学与技术试点国家实验室考察时强调:海洋经济发展前途无量。建设海洋强国,必须进一步关心海洋、认识海洋、经略海洋,加快海洋科技创新步伐。

青岛海洋地质研究所正按照自然资源部中国地质调查局"突出南海、深化黄东渤海、加强太平洋、拓展印度洋、经略大西洋、进入南北极"的工作思路探索海洋。"海九"入列以来积极参与人类探索深海大洋的伟大事业,数次进入太平洋,两次进入印度洋,践行着国家海上丝绸之路的倡议,为我国海洋经济建设作出了巨大的贡献,同时也加快了青岛海洋地质研究所建成世界一流海洋地质调查机构的进程。

"深海进入""深海探测""深海开发"是中国深海战略"三步曲"。路漫漫其修远兮,吾将上下而求索! 未来"海洋地质九号"科考船将继续用声音把脉深海大洋,用科学探索深海宝藏,为我国实现海洋强国梦增砖添瓦,同时也希望更多的人关注海洋、认识海洋,一起揭开更多海洋的秘密,为构建人类海洋命运共同体贡献自己的力量。